考虑正交构造异性特征影响的预制带肋底板混凝土双向叠合板设计方法与研究

黄海林　曾垂军　著

中国矿业大学出版社
·徐州·

内 容 提 要

本书围绕考虑正交构造异性特征影响的预制带肋底板混凝土双向叠合板(以下简称双向叠合板)设计方法展开了系统研究。本书共分为 7 章。第 1 章为绪论,第 2 章为双向叠合板双向受力效应理论研究,第 3 章为双向叠合板刚度正交构造异性特征研究,第 4 章为双向叠合板弹性计算方法研究,第 5 章为双向叠合板简化弹性计算方法研究,第 6 章为双向叠合板简化弹性计算方法应用实例,第 7 章为双向叠合板塑性计算方法研究。

图书在版编目(C I P)数据

考虑正交构造异性特征影响的预制带肋底板混凝土双
向叠合板设计方法与研究 / 黄海林,曾垂军著. — 徐州:
中国矿业大学出版社,2020.12
　　ISBN 978 - 7 - 5646 - 4680 - 6

　　Ⅰ. ①考… 　Ⅱ. ①黄… ②曾… 　Ⅲ. ①预制结构—混
凝土结构—正交各向异性板—叠合板—研究 　Ⅳ.
①TU375.2

　　中国版本图书馆 CIP 数据核字(2020)第061995号

书　　名	考虑正交构造异性特征影响的预制带肋底板	
	混凝土双向叠合板设计方法与研究	
著　　者	黄海林　曾垂军	
责任编辑	张海平　于世连　张　岩	
出版发行	中国矿业大学出版社有限责任公司	
	(江苏省徐州市解放南路　邮编 221008)	
营销热线	(0516)83884103　83885105	
出版服务	(0516)83995789　83884920	
网　　址	http://www.cumtp.com　E-mail:cumtpvip@cumtp.com	
印　　刷	徐州中矿大印发科技有限公司	
开　　本	787 mm×1092 mm　1/16　**印张** 10.75　**字数** 276 千字	
版次印次	2020 年 12 月第 1 版　2020 年 12 月第 1 次印刷	
定　　价	36.00 元	

(图书出现印装质量问题,本社负责调换)

前　言

　　叠合楼盖结构在美国、日本、澳大利亚等国家的研究与应用已有 60 多年的历史。但在我国叠合楼盖结构存在以下问题。一是国内的理论与应用研究明显滞后于国外的,且国外的新型叠合楼盖技术一般具有产权保护,不便于被我国采用。二是传统的装配式楼盖由于整体性、抗震性和抗裂性较差,在我国已逐步被限制使用。传统的叠合楼盖采用平板式预制构件,在运输及施工中损耗大,质量难以控制,施工中需设置支撑、工艺复杂;而现浇楼盖在施工中支模难,模板用量大,施工进度慢,对环境的污染大,噪声大,且易产生温度收缩裂缝;总之,传统的建造方式耗费大量钢材和木材,污染环境,结构自重大、造价高、速度慢。三是国家现行标准《预制带肋底板混凝土叠合楼板技术规程》(JGJ/T 258—2011)中所采用的预制带肋底板混凝土叠合板,明显呈正交构造异性板特征。该规范所述设计方法并未考虑刚度各向异性特征,且现行国内外其他规范有关双向板静力计算设计方法不能直接采用。因此这种叠合板的双向板计算设计理论尚需完善。

　　针对上述问题,在国家自然科学基金青年科学基金项目(51308207)、湖南省自然科学基金青年人才培养联合基金项目(14JJ6031)、湖南省自然科学基金青年基金项目(2018JJ3161)、湖南省教育厅优秀青年项目(19B188)以及湖南建工集团基础研究项目(JGJTK-2018003)的资助下,作者围绕考虑正交构造异性特征影响的预制带肋底板混凝土双向叠合板(以下简称双向叠合板)设计方法展开了系统研究,取得了独具特色的研究成果。作者希望通过本书系统介绍在双向叠合板设计方法方面取得的研究成果,为简化双向叠合板工程设计提供理论依据,以推动叠合楼盖结构在我国的应用与发展。

　　本书共分为 7 章。第 1 章为绪论,第 2 章为双向叠合板双向受力效应理论研究,第 3 章为双向叠合板刚度正交构造异性特征研究,第 4 章为双向叠合板弹性计算方法研究,第 5 章为双向叠合板简化弹性计算方法研究,第 6 章为双向叠合板简化弹性计算方法应用实例,第 7 章双向叠合板塑性计算方法研究。

参加本书相关研究工作的科研人员主要有湖南科技大学祝明桥教授、石卫华博士、黄志博士,湖南建工集团有限公司的张明亮高工、杨凡高工、陈维超高工、阳凡高工、刘维高工,湖南航凯建材技术发展有限公司的陈赛国工程师。对本书写作提供帮助的研究生有李金华、张锡捷、宾智、朱慧、李遨、邓轩、刘光伟、言兴、姜德文、陈思程、周福林等。在此作者对他们表示衷心的感谢。

由于作者水平有限,完稿仓促,所以书中难免存在不足之处,敬请广大读者批评指正。

作 者

2019 年 11 月

目　录

第1章 绪 论

1.1 概 述

将建筑的部分或全部构件先在工厂预制完成,然后运输到施工现场,最后将构件通过可靠的连接方式组装而建成的建筑,称为装配式建筑。20 世纪 60 年代,国外成功实现装配式建筑。随着工业技术的发展,装配式建筑迅速在世界各地推广开来。

目前,我国各地装配式建筑的比例和规模化程度普遍较低,与我国发展绿色建筑和先进建造方式的有关要求还存在很大差距。

2015 年 8 月 27 日,中华人民共和国住房和城市建设部发布《工业化建筑评价标准》(GB/T 51129—2015),决定 2016 年全国全面推广装配式建筑。

2015 年 11 月 14 日,中华人民共和国住房和城乡建设部出台《建筑产业现代化发展纲要》,提出到 2020 年实现装配式建筑占新建建筑的比例达 20% 以上,到 2025 年实现装配式建筑占新建建筑的比例达 50% 以上。

2016 年 3 月 5 日,李克强在政府工作报告提中出要大力发展钢结构和装配式建筑,提高建筑工程标准和质量。

2016 年 7 月 5 日,中华人民共和国住房和城乡建设部出台《住房城乡建设部 2016 年科学技术项目计划 装配式建筑科技示范项目》,并公布了 2016 年科学技术项目建设装配式建筑科技示范项目名单。

2016 年 9 月 14 日,国务院召开国务院常务会议,提出要大力发展装配式建筑推动产业结构调整升级。

2016 年 9 月 27 日,国务院出台《国务院办公厅关于大力发展装配式建筑的指导意见》,要求要因地制宜发展装配式混凝土结构、钢结构和现代木结构等装配式建筑,力争用 10 年左右的时间,使装配式建筑占新建建筑面积的比例达到 30%。该文件中对大力发展装配式建筑和钢结构重点区域、未来装配式建筑占比新建建筑目标、重点发展城市进行了明确规定。

2016 年,《中共中央 国务院关于进一步加强城市规划建设管理工作的若干意见》中明确提出,力争用 10 年左右的时间,使装配式建筑的新建比例达到 30%。

2017 年,中华人民共和国住房和城市建设部下发的《建筑业发展"十三五"规划》,将绿色建筑、装配式建筑发展纳入了"十三五"规划。

此外,全国许多省市(自治区)、直辖市出台了装配式建筑的发展规划和指导意见。随着这些规划的制定和实施,装配式建筑迎来了前所未有的大好发展时机。2007 年至 2017 年,我国房屋新开工面积年均复合增长率为 6%,由于基数较大及房地产市场政策收紧,假设 2018 年至 2020 年房屋新开工面积每年增速为 5%,之后维持在 3%,到 2020 年,我国房屋新开工面积可达 20.69 亿平方米,到 2025 年,我国房屋新开工面积可达 23.98 亿平方米,如图 1-1 所示。假设自 2015 年起,以 10 年为周期,装配式建筑占新建建筑面积比例每年增加 3%,2020 年全国装配式建筑占新建建筑的比例可达到 15% 以上,2025 年全国装配式建筑占新建建筑的比例可接近 30%,如图 1-2 所示。截至 2018 年全国主要省(自治区)、直辖市关于装配式建筑的发展目标,见表 1-1。

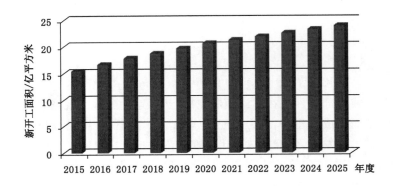

图 1-1　2015 年至 2025 年我国房屋新开工面积测算

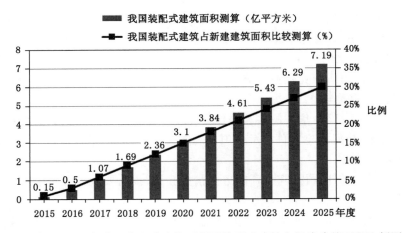

图 1-2　2015 年至 2025 年我国装配式建筑面积及装配式建筑占新建建筑面积比例测算

表 1-1

省市	目标
北京	到 2018 年,实现装配式建筑占新建建筑面积的比例达到 20% 以上;到 2020 年,实现装配式建筑占比达到 30% 以上
河北	到 2020 年,实现装配式建筑占新建建筑面积的比例达到 20% 以上,其中钢结构建筑占新建建筑面积的比例不低于 10%;到 2025 年,实现装配式建筑占比达到 30% 以上
山西	到 2020 年,全省 11 个设区城市实现装配式建筑占新建建筑面积的比例达到 15% 以上,其中太原市、大同市力争达到 25% 以上

表 1-1(续)

省市	目标
辽宁	到 2020 年,实现全省装配式建筑占新建建筑面积的比例达到 20% 以上,其中沈阳市力争达到 35% 以上,大连市力争达到 25% 以上,其他城市力争达到 10% 以上;到 2025 年,实现全省装配式建筑占新建建筑面积的比例达到 35% 以上,其中沈阳市力争达到 50% 以上,大连市力争达到 40% 以上
吉林	到 2020 年,全省装配式建筑面积不少于 500 万平方米,长春市、吉林市实现装配式建筑占新建建筑面积的比例达到 20% 以上,其他设区城市达到 10% 以上;到 2025 年,实现全省装配式建筑占新建建筑面积的比例达到 30% 以上
上海	2016 年外环线内新建民用建筑全部采用装配式建筑,外环线以外超过 50%;2017 年外环线以外在 50% 基础上逐年增加
江苏	到 2020 年,实现全省装配式建筑占新建建筑面积的比例达到 30% 以上
浙江	到 2020 年,实现全省装配式建筑占新建建筑面积的比例达到 30%
安徽	到 2020 年,实现装配式建筑占新建建筑面积的比例达到 15%;到 2025 年,力争达到 30%
福建	到 2020 年,实现全省装配式建筑占新建建筑面积的比例达到 20% 以上。其中,福州市、厦门市 25% 以上,泉州市、漳州市、三明市 20% 以上,其他地区 15% 以上;到 2025 年,实现装配式建筑占比达到 35% 以上
江西	2018 年,全省采用装配式施工的建筑占新建建筑的比例达到 10%,其中,政府投资项目达到 30%;2020 年达到 30%,其中政府投资项目达到 50%;到 2025 年力争达到 50%,符合条件的政府投资项目全部采用装配式施工
山东	到 2020 年,济南市、青岛市装配式建筑占新建建筑比例达到 30% 以上,其他设区城市和县(市)分别达到 25%、15% 以上;到 2025 年,全省装配式建筑占新建建筑比例达到 40% 以上
湖北	到 2020 年,全省开工建设装配式建筑不少于 1 000 万平方米。武汉市装配式建筑面积占新建建筑面积比例达 35% 以上,襄阳市、宜昌市和荆门市达 20% 以上,其他设区城市、恩施州、直管市和神农架林区达到 15% 以上
湖南	到 2020 年,全省市州中心城市装配式建筑占新建建筑比例达到 30% 以上,其中,长沙市、株洲市、湘潭市三市市中心城区达到 50% 以上
广东	珠三角城市群:到 2020 年,装配式建筑占新建建筑面积比例到 15% 以上,其中政府投资工程装配式建筑面积比例到 50% 以上;到 2025 年,比例达到 35% 以上,其中政府投资工程装配式建筑面积占比到 70% 以上。常住人口超过 300 万的粤东西北地区地级市中心城区:到 2020 年,比例达到 15% 以上,其中政府投资工程装配式建筑面积比例达到 30% 以上;到 2025 年,比例达到 30% 以上,其中政府投资工程装配式建筑面积占比达到 50% 以上。其他地区:到 2020 年,比例达到 10% 以上,其中政府投资工程装配式建筑面积比例达到 30% 以上;到 2025 年,比例达到 20% 以上,其中政府投资工程装配式建筑面积占比达到 50% 以上
广西	到 2020 年,综合试点城市装配式建筑占新建建筑的比例达到 20% 以上,新建全装修成品房面积比率达 20% 以上;到 2025 年,全区装配式建筑占新建建筑的比例力争达到 30%
四川	到 2020 年,全省装配式建筑占新建建筑的 30%
云南	到 2020 年,昆明市、曲靖市、红河州装配式建筑占新建建筑比例达到 20%,其他每个州市至少有 3 个以上示范项目;到 2025 年,力争全省装配式建筑占新建建筑面积比例达到 30%,其中昆明市、曲靖市、红河州达到 40%

表 1-1(续)

省市	目标
陕西	到 2020 年,实现重点区域装配式建筑占新建建筑面积的比例达到 20%以上
甘肃	到 2020 年,全省累计完成 100 万平方米以上装配式建筑试点项目建设;到 2025 年,力争装配式建筑占新建建筑面积的比例达到 30%以上
青海	到 2020 年,实现全省装配式建筑占同期新建建筑面积的比例达到 10%以上。其中,西宁市、海东市达到 15%以上,其他地区在 5%以上
宁夏	到 2020 年,实现全区装配式建筑占同期新建建筑面积的比例达到 10%;到 2025 年,达到 25%以上

楼盖结构是装配式房屋建筑的重要组成部分。研究性能良好、环保节材、便于产业化生产的新型楼盖体系是非常必要且十分紧迫的。

根据制作工艺的不同,现有楼盖主要分为现浇和装配式两种。装配整体式楼盖介于两者之间。现浇楼盖抗震性、整体性好,但消耗大量模板与支撑、污染环境、施工周期长、不便于工业化生产且易产生温度收缩裂缝;装配式楼盖易于装配,但抗震性、整体性以及抗裂性较差,已逐步被限制使用。对于装配整体式楼盖,在底部采用预制构件,在上部叠合一层现浇混凝土,两者共同形成整体的受力结构。装配整体式楼盖又称为叠合楼盖(composite floor)。与装配式楼盖比较,叠合楼盖具有刚度大、整体性好、抗震性能优越等优点。与现浇楼盖比较,叠合楼盖具有节省三材、施工简便且能缩短工期等优点。大力发展这种结构符合国家土地资源政策、环保政策和可持续发展战略。

1.2 双向叠合板研究意义

传统预应力混凝土叠合板是在底部采用预制预应力实心平板,上部现浇叠合层混凝土,两者共同形成整体的结构。由于预制预应力实心平板为不带肋板件,所以其在运输与施工中易折断,预应力反拱度难以控制,施工过程中需设置支撑,施工工艺复杂。现行国家标准《叠合板用预应力混凝土底板》(GB/T 16727—2007)与国家建筑标准设计图集《预应力混凝土叠合板》(06SG439—1)规定叠合板的预制部分均为实心平板。预制预应力实心平板的底板厚度较大(一般不小于 50 mm),导致垂直预制预应力实心平板长度方向的叠合板有效厚度过小,不宜双向配筋,故主要按单向板进行设计,降低了其经济效果,且《预应力混凝土叠合板》(06SG439—1)不适于有振动的楼板,势必制约这种楼盖在地下停车库、大型剧院、工业厂房等结构中的应用,限制了其工程应用范围。

目前我国高层建筑飞速发展,各种复杂高层及超限高层建筑如雨后春笋般涌现,为各种新型楼盖结构提供了广阔的应用空间。但是高层建筑结构计算一般都假定楼板在自身平面内的刚度无限大,因而要求楼盖具有较大的平面内刚度以保证建筑物的空间整体性能和水平力的有效传递。而传统混凝土叠合楼盖叠合面抗剪能力薄弱,为此《高层建筑混凝土结构技术规程》(JGJ 3—2010)严格限制了其适用结构类型与建筑高度,严格规定了其在高层建筑中应用应满足的构造要求,缩小了其应用空间。

针对上述急需要解决的问题,有关学者提出了预制带肋底板混凝土双向叠合板体系:以肋内开孔的预制预应力混凝土带肋底板[见图 1-3(a)]为模板,在底板凸出的板肋预留孔中布设横向穿孔钢筋及在底板拼缝处布置防裂钢筋,再浇筑混凝土叠合层形成双向配筋叠合板[见图 1-3(b)]。这种叠合板具有以下显著结构特点。

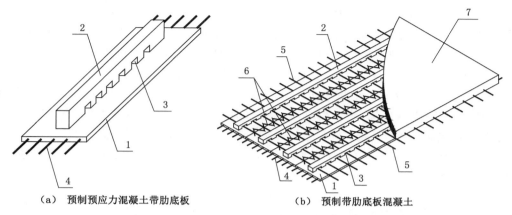

（a）　预制预应力混凝土带肋底板　　　　　**（b）　预制带肋底板混凝土**

1—实心平板;2—板肋;3—预留孔洞;4—高强预应力螺旋肋钢丝

5—横向穿孔钢筋;6—折线形防裂钢筋;7—叠合层。

图 1-3　预制带肋底板混凝土叠合板

（1）对比传统平板叠合板,它设有板肋。板肋的形状可采用矩形或 T 形等。底板截面形状呈倒 T 形或工字形。底板截面形式更为有效。通过增设板肋,提高底板的刚度与承载力,确保底板可承受施工荷载,施工中可不设或少设支撑,同时能降低底板中平板的厚度,减轻底板自重,增大横向穿孔钢筋的有效高度。板肋的存在明显增大了新老混凝土的接触面积,显著改善了叠合面的性能。

（2）通过在板肋内预留孔洞,叠合板的受力性能与设计计算理论更接近现浇板的。板肋设洞可减小底板的反拱度,保证底板平整。板肋预留孔洞内浇混凝土,可与板肋形成"销栓"效应,增大了新老混凝土的机械咬合力,有效提高了叠合面的抗剪性能。采用自然粗糙面就能保证叠合板的工作性能。

（3）通过在预留孔洞内配置横向穿孔钢筋,实现了双向配筋,改善了叠合板的受力性能。横向穿孔钢筋与板肋孔洞内浇混凝土形成"钢筋混凝土销栓",增大了叠合面的抗剪能力。

叠合楼盖结构在美国、日本、澳大利亚等国家的研究与应用已有 60 多年的历史。但在我国叠合楼盖结构存在以下问题。

（1）国内的理论与应用研究明显滞后于国外的。并且国外的新型叠合楼盖技术一般具有产权保护,不便于被我国采用。

（2）传统的装配式楼盖由于整体性、抗震性和抗裂性较差,在我国已逐步被限制使用。传统的叠合楼盖采用平板式预制构件,在运输及施工过程中损耗大,质量难以控制,施工过程中需设置支撑,施工工艺复杂。现浇楼盖在施工中支模难,模板用量大,施工进度慢,环境污染大,噪声大,且易产生温度收缩裂缝。传统的建造方式耗费大量钢材和木材,污染环境,结构自重大、造价高、施工速度慢。

（3）对于预制带肋底板混凝土叠合板体系,现行国内外规范有关双向板的静力计算设计方法与疲劳计算设计理论不能直接被采用。

因此这种新型楼板结构的双向板静力计算设计理论与疲劳计算设计理论尚需完善。本书主要分成两大部分:第一部分着重解决考虑正交构造异性特征影响的新型叠合板的静力计算设计理论,主要包括新型叠合板的双向受力效应理论分析、刚度方面正交构造异性研究以及考虑正交构造异性特征影响的弹性与塑性简化分析方法;第二部分将通过深入的理论分析与试验研究,提出新型叠合板的弯曲疲劳性能计算设计理论,为这种楼板结构在地下停车库、大型剧院、工业厂房以及大跨组合桥面板等结构中的应用提供可靠依据。

预制带肋底板混凝土叠合板克服了传统楼板的缺点,具有如下优点:可在工厂制作、现场装配;不需支模、节省支撑,施工简便,可缩短工期约 1/3;可替代压型钢板,为高层钢结构提供了理想的楼板体系;节约钢材 10%～30%、减轻自重约 15%、降低造价 10%～30%。该新型楼板结构不但符合国家土地资源政策、环保政策和可持续发展战略,而且具有独特的性能特点和良好的综合经济效益,因此在我国有着较为广阔的应用前景。

1.3 广义叠合板基本概念及分类

1.3.1 广义叠合板的基本概念

随着社会的发展以及人们对结构物使用功能的要求不断提高,狭义上的混凝土叠合板已经不能满足人们日益增长的对结构功能的要求,为此人们开发出由两种或多种材料组合在一起的组合结构(composite structures),以及由两种或多种结构体系组合在一起的混合结构(hybrid structures)。根据广义组合结构的定义,广义叠合板是指将不同材料或不同构件进行组合而形成整体受力的结构。在设计广义叠合板时应将不同材料和构件的性能纳入整体进行考虑,以最有效地发挥每种材料和构件的优势,从而获得更好的结构性能和综合效益。

1.3.2 广义叠合板的分类

经过不断的发展和创新,现今叠合板已广泛应用于各种房屋建筑工程及桥梁工程中。在发展与应用过程中,叠合板经历了一系列的技术变革。目前,广义叠合板主要有以下分类方法:① 基于受力特性差异的分类;② 基于材料差异的分类;③ 基于预制底板结构形式差异的分类;④ 基于应用范围不同的分类。

1.3.2.1 基于受力特性差异的叠合板分类

(1)一次受力叠合结构。

在施工阶段预制板件吊装就位后,在其下设置可靠的支撑。施工阶段的荷载将全部由支撑承受,预制板件只起到叠合层现浇混凝土模板的作用。待叠合层现浇混凝土达到强度后再拆除支撑。由两次浇筑后所形成的叠合截面承受使用阶段的全部作用荷载。整个截面的受力是一次发生的,从而构成了"一次受力叠合结构"。

(2)二次受力叠合结构。

在施工阶段预制板件吊装就位后,直接以预制板件作为现浇层混凝土的模板并承受施工荷载。待现浇层混凝土达到一定强度后,再由预制板件和现浇部分形成的叠合截面承受使用荷载。叠合截面的应力状态是由两次受力产生的,便构成了"二次受力叠合结构"。

1.3.2.2　基于材料差异的叠合板分类

（1）按照叠合板预制板件（底板）材料的类型，混凝土叠合板分为：混凝土叠合板或预应力混凝土叠合板（reinforced or prestressed reinforced concrete composite slabs）、轻骨料混凝土叠合板（light weight concrete composite slabs）、蒸压轻质加气混凝土叠合板（alc concrete composite slabs）、钢纤维混凝土叠合板（steel fiber reinforced concrete composite slabs）、活性粉末混凝土叠合板（performance of reactive powder concrete composite slabs）、纤维增强复合材料/混凝土叠合板（fiber reinforced plastic/polymer concrete composite slabs）、纤维增强水泥混凝土叠合板（fiber reinforced cement concrete composite slabs）、橡胶集料混凝土叠合板（crumb rubber or rubberized concrete composite slabs）、复合砂浆钢丝网混凝土叠合板（concrete composite slabs with slurry infiltrated mat concrete deck）、钢-混凝土组合板（steel-concrete composite slabs）、竹-混凝土组合板（bamboo-concrete composite slabs）、木-混凝土组合板（timber-concrete composite slabs）。

（2）将新型材料应用于叠合板面层可以得到性能优良的结构体系。其主要代表有：陶粒混凝土面层叠合板、钢纤维混凝土面层叠合板、压型钢板-轻骨料混凝土组合板。

（3）按照预制底板受力筋的不同，混凝土叠合板分为：普通混凝土叠合板、预应力混凝土叠合板、FRP 筋混凝土叠合板及竹筋混凝土叠合板。其中，预应力混凝土叠合板按照钢筋的不同又分为：① 冷轧带肋钢筋预应力混凝土叠合板；② 高强刻痕钢丝预应力叠合板；③ 螺旋肋筋混凝土叠合板；④ 高强预应力螺旋肋钢丝混凝土叠合板。

（4）按照叠合板是否双向配筋，叠合板又分为：单向受力叠合板与双向受力叠合板。

1.3.2.3　基于预制底板结构形式差异的混凝土叠合板分类

按照预制底板结构形式的不同，混凝土叠合板分为：预制实心底板混凝土叠合板、预制空心底板混凝土叠合板、预制混凝土空腹叠合板及预制混凝土夹心叠合板。其中，预制实心底板混凝土叠合板按照底板肋的形式又分为：① 预制实心平板混凝土叠合板；② 预制键槽形芯板混凝土叠合板；③ 预制单矩形肋底板混凝土叠合板；④ 预制双矩形肋底板混凝土叠合板；⑤ 预制单 T 形肋底板混凝土叠合板；⑥ 预制双 T 形肋底板混凝土叠合板；⑦ 预制钢筋桁架底板混凝土叠合板；⑧ 预制波纹底板混凝土叠合板。

1.3.2.4　基于应用范围不同的叠合板分类

按照叠合板的应用范围的不同，混凝土叠合板大致分为：工业与民用建筑叠合板、组合桥面板。

1.4　国内广义叠合楼盖发展过程及最新研究动态

1.4.1　发展过程

1.4.1.1　简要历史回顾

我国从 1957 年开始生产预制预应力薄板、预制预应力棒和预制双层空心板等装配整体式构件，同年首次将其应用于民用建筑，次年预应力吊车叠合梁在我国开始得到广泛推广。1959 年，原国家第一机械工业部一院组织编写了预应力混凝土叠合梁标准图集，这推动了叠合结构在实际工程中的大规模应用。1964 年，清华大学过镇海提出普通钢筋混凝土叠合梁二阶段受力的正截面配筋计算方法——折算弯矩法,从本质上揭示了叠合梁二阶段受力特性。我国于 1974 年发布的《钢筋混凝土结构设计规范》,除有计算预应力组合结构抗裂度的纯理论推导公式外,没有计算叠合梁的正截面和斜截面的设计方法和公式。为此,从 1977 年到 1996 年前国家建委规范局委托中国建研院结构所规范室,对混凝土叠合结构前后进行了四批课题的系统研究:装配整体梁板正截面设计方法、装配整体梁板斜截面设计方法、叠合式连续整体结构受力性能及设计方法、混凝土叠合结构的推广与应用。这些研究成果为建立合理的叠合构件计算设计方法及国家规范的编制提供了大量的试验数据与科学的理论依据。在此基础上,1989 年发布的《混凝土结构设计规范》提出了比较全面的有关叠合结构正截面、斜截面、叠合面强度以及使用阶段的计算设计理论,统一了这种结构的设计方法。2002 年发布的《混凝土结构设计规范》及 2010 年发布的《混凝土结构设计规范》基本沿用了这些成果。

1.4.1.2　发展趋势

经过不断更新和发展,如今叠合板已广泛应用于各种建筑结构中。在快速发展过程中,叠合板经历了一系列的技术变革。

(1)近几年由于高强材料的应用,所以钢筋已从非预应力类型发展到预应力类型,受力主筋也从冷加工钢筋发展到采用高强、低松弛的钢丝、钢绞线。

(2)在实际工程中,双向受力是楼盖结构中常见的受力形式。而传统实心平板叠合板大多只能单向配筋,按单向板进行设计。这势必造成主方向配筋过多,而正交方向配筋过少。叠合板从单向配筋转向双向配筋是技术发展的必然趋势。

(3)在应用范围上,叠合板从工业建筑逐渐转向民用建筑与桥梁工程。在房建工程中,叠合板应用范围从普通的多层建筑转向复杂结构的超限高层建筑。

1.4.2　最新研究动态

1.4.2.1　传统混凝土叠合板存在的主要问题

混凝土叠合楼盖在国外已有 60 多年发展历史,在理论计算与工程实践方面取得了很大的突破。但我国传统的混凝土叠合楼盖所用预制构件均为不带肋的预制平板,在运输及施工过程中易折断,预应力反拱值难以控制,施工过程中需设置支撑、施工工艺复杂。尤其是传统的叠合板在垂直于预制平板长度方向无受力钢筋,只能做成单向板,垂直于板长方向的抗裂性不好;荷载采用单向板传力模式,计算模型不合理,适用跨度小(一般小于 6 m)。这些缺点影响了这种结构的经济效果,进而影响了它的推广使用。

1.4.2.2　混凝土叠合板结构体系的创新研究

针对传统混凝土叠合板存在的主要问题,近年来国内部分学者在预制实心平板的基础上,对预制板件的结构形式做了大量的创新研究。

(1)天津大学岳建伟提出一种钢结构住宅用"键槽形芯板预应力砼叠合板"。预制芯板材料采用 C40 混凝土和高强螺旋肋钢丝。将芯板设计成带有两道纵肋的槽形板。施工阶段芯板增设支撑,解决了传统平板叠合板必须设置临时支撑的问题。作者进行了 3 块预制芯板和 3 块叠合板的静载试验。他的研究结果表明:槽形芯板具有较高的刚度和承载力,施工中可不设支撑;其叠合面黏结性能较矩形芯板的更好;由于施加了高强预应力,所以槽形芯板具备了良好的弹性恢复性能和抗裂性能。

（2）中南大学刘汉朝与蒋青青进行了倒"T"形底板混凝土叠合板的静载试验。他们的研究结果表明：当倒"T"形板肋部面积合适且叠合面粗糙程度满足混凝土结构设计规范要求时，叠合面具有足够的黏结抗剪能力，能够保证叠合板的整体受力工作性能；叠合层后浇混凝土，通过二次配筋可以提高其跨中截面的受弯承载力，且可以较大幅度地提高叠合板的延性，从而增强建筑结构的抗震性能。

（3）天津大学沈春祥进行了由 4 块预应力预制双矩肋薄板叠合成的矩形叠合板静载试验，研究了其荷载-挠度曲线的变化规律、裂缝分布与发展特征、钢筋与混凝土的应变变化规律，揭示了这种叠合板的双向受力效应，并采用 Ansys 程序对预应力单向、双向叠合板进行了非线性有限元分析。作者指出双向叠合板的刚度呈正交各向异性特征，分别定义了叠合板正交两个方向的刚度提高系数（φ'_1 和 φ'_2）。虽然作者指出双向刚度提高系数 φ'_1 和 φ'_2 与叠合板正交两个方向的配筋大小、叠合截面的几何形状以及混凝土的开裂等因素有关，但没有给出精确的数学表达式。这种新型叠合板实现了双向受力，但拼缝处理麻烦，降低了施工速度，影响了其推广使用。

（4）哈尔滨工业大学朱茂存采用夹芯叠合板作为结构楼板。这种底板具有结构自重轻、省材料、省模板与支撑、整体性好、有利于环保和建筑工业化的特点。作者通过大量试验研究与理论计算表明：正常使用荷载作用下填充物数量对构件的承载能力和变形性能几乎影响不大；同实心叠合板一样，夹芯叠合板同样具有较高的承载能力和刚度。

（5）沈阳建筑大学赵成文等针对现浇板与传统实腹叠合板存在的问题，研发了一种新型空腹叠合板。他们进行了简支和连续空腹叠合板受力性能试验研究，以及相同设计条件下的整浇板对比试验，结合计算分析确定了空腹叠合板的构造措施和经济性能，得到了首先出现界面滑移破坏的最小叠合接触比例，并提出了部分叠合接触叠合板的概念，确定了空腹叠合板的计算设计理论。他们的研究结论表明：只要叠合接触比例在 27% 以上且经过有效粗糙处理和配筋，就能保证叠合面的抗剪刚度。

（6）浙江大学刘轶等设计并制作了 4 块钢筋桁架叠合板，通过静载试验研究了这种楼板系统在施工阶段和正常使用阶段的刚度和极限承载力，验证了施工阶段这种叠合板的理论计算模型，提出了设计方法。他们的其研究结果表明：对比传统楼板，钢筋桁架叠合板在施工阶段挠度较小，在使用阶段刚度及抗裂性能略有提高，其极限承载力与传统楼板的基本相同。采用钢筋桁架叠合板，能大量减少现场钢筋绑扎量、可不设模板、提高施工速度及经济性能。

（7）湖南大学王春平针对压型钢板-混凝土组合板用钢量大、叠合面滑移影响较大的问题，采用预制复合砂浆钢丝网波纹薄板代替压型钢板，并根据钢丝网在预制波纹底板放置层数不同及后浇混凝土是否布筋，进行了 12 块构件的静载试验：3 块预制波纹底板静载试验、5 块一次受力叠合板静载试验、4 块二次受力叠合板静载试验。他的研究结果表明：在不设支撑情况下预制波纹底板可作为永久性模板，叠合面黏合性能良好，叠合板表现出较好的共同工作性能。他结合试验建立了该新型叠合板的计算设计理论，推导了该新型叠合板的开裂荷载、极限荷载、挠度及裂缝宽度的计算公式。

1.4.2.3 新型材料在组合板中的应用研究

部分学者将新型材料应用于传统叠合板，取得了大量研究成果。

（1）武汉水利电力大学（现为武汉大学）侯建国与贺采旭首次对采用高强刻痕钢丝的预

应力叠合连续板进行了试验研究,提出了二次受力及弯矩调幅等建议。

(2)甘肃工业大学(现为兰州理工大学)刘翠兰与祁学仁通过3块简支叠合板和5块连续叠合板的静载试验,研究了部分预应力陶粒混凝土叠合板的基本性能。他们从内力重分布、极限强度、使用荷载下的变形性能、构件的延性及叠合面的抗剪强度5个方面与传统混凝土叠合板进行了对比。他们的研究结果表明:部分预应力陶粒混凝土叠合连续板结构中取用较低的预应力度,不仅能满足正常使用时的极限状态要求,还具有较好的延性;无筋叠合面同样具有足够的抗裂能力。

(3)南华大学孙冰把预应力混凝土组合板改进为预制部分采用预应力轻骨料混凝土薄板、后浇部分采用普通混凝土的组合板。他进行了二阶段制造、二次受力的试验研究和理论分析,对二次受力组合板的正截面受力性能及自然粗糙叠合面对组合板整体受力性能的影响进行了分析。他的研究结果表明:改进后的组合板具备了轻骨料混凝土与预应力混凝土组合板两者的优点,大大增加了组合结构的应用范围。

(4)肖国通等提出采用玻璃纤维水泥板替代压型钢板作为重载楼面的下部底模,在波形板的谷底配筋,最终浇筑叠合层混凝土形成共同受力的 GRC 混凝土叠合板。同时他们通过试验研究了 GRC 板及 GRC 混凝土叠合板的结构性能,介绍了其工程应用,并提出了相应的设计建议。他们的研究结果表明:由于这种叠合板可灵活分割、承载力高、整体性好、施工速度快且耐久性能优良,故可在工业建筑中得到广泛应用。

(5)东南大学张宇峰与吕志涛在构件试验的基础上,对以蒸压轻质加气混凝土板(ALC板)为底板的叠合板的正截面强度、叠合面强度、抗裂度、使用荷载下的变形性能以及合理的构造措施等问题进行了探讨和研究。他们的研究结果表明:对于凹凸差不小于 4 mm 的无筋人工刻痕叠合面完全能保证 ALC 底板与叠合层的共同工作,构件弯曲破坏前叠合面不会出现任何界面分离与剪切裂缝的痕迹。

(6)有关学者研究了钢-混凝土组合板。

① 压型钢板-混凝土组合板具有承载力高、塑性和抗震性能好、施工简单及速度快等优点。由于国内缺乏防火和耐火的规定,所以制约了该结构的推广。对已建成结构的耐火度缺乏必要的科学依据,在火灾的作用下,这种结构的内力、变形和承载力均与常温有不同的特点。毛小勇等、徐朝晖等、蒋首超等对压型钢板-混凝土组合板抗火性能及设计方法进行了系统研究。清华大学聂建国等针对闭口型压型钢板-混凝土组合板的刚度计算与疲劳性能等做了系统研究,针对缩口型压型钢板-混凝土组合板的承载力与变形共进行了 8 块组合板试验,研究了缩口型压型钢板-混凝土组合板的破坏特征、纵向抗剪、抗弯等力学性能,提出了考虑滑移效应的组合板折减刚度公式(能较准确地预测组合板在正常使用状态下的挠度)。

② 在压型钢板-混凝土组合板的基础上,毛小勇等提出了一种新型混凝土组合板——肋筋模板钢-混凝土组合板;通过 43 块板的试验研究,分析了这种组合板在施工阶段的承载力、稳定性及破坏形态,以及在使用阶段考虑底模作用时的荷载-挠度关系、钢和混凝土的应变分布和裂缝发展等。他们的试验结果表明:肋筋模板组合板在施工阶段具有良好的稳定性,在使用阶段具有较高的承载力和良好的延性。

③ 为充分利用压型钢板抗拉强度高及轻骨料混凝土强重比大的优点,国内学者结合压型钢板-混凝土组合板与轻骨料混凝土叠合板各自的优点,研发了新型压型钢板-轻骨料混

凝土组合板。(a) 长沙理工大学甄毅与陈浩军对配置横向剪力钢筋的压型钢板-轻骨料混凝土组合楼板的抗滑移性能进行了研究,对横向剪力钢筋连接的破坏形式进行了系统的分析,提出了横向剪力钢筋连接的计算设计方法(计算中考虑了焊接形式、混凝土抗拉强度、横向钢筋直径等因素的影响)。(b) 华侨大学杨勇等进行了闭口型压型钢板-轻骨料混凝土组合板的静力试验与动力特性研究,静载试验考察了这种组合板在不同剪跨比下的破坏形态、钢板与混凝土应变发展、端部滑移和裂缝发展情况,研究了这种组合板的纵向剪切极限承载能力,建立了这种组合板的承载能力计算公式,给出了这种组合板刚度计算建议方法,同时对这些板件的前三阶自振频率和阻尼比进行了试验测试。他们的研究结果表明:闭口型压型钢板-轻骨料混凝土组合板阻尼比较小。

④ 针对钢-混凝土组合结构在大柱网、大跨度的多高层建筑中的应用问题,贵州大学黄勇等提出了一种新型钢-混凝土组合式空腹板结构。这种结构结合了钢结构与钢筋混凝土结构的优点。他们分别对该新型组合楼盖的构造及施工方法、设计计算方法、静力及动力特性做了深入的研究,提出了系统的新型钢-混凝土组合空腹板结构的设计计算方法及施工方法。这种楼盖结构最大的问题在于其施工工序复杂、施工速度慢、周期长,制约了其应用范围。

(7) 橡胶集料混凝土是一种绿色的新型建筑材料。在国内对其研究才刚刚起步。天津大学王庆余将橡胶集料混凝土应用于叠合结构,对素橡胶集料混凝土叠合梁与钢筋橡胶集料混凝土叠合梁的受弯性能进行了大量试验研究,论证了加配钢筋橡胶集料混凝土用于叠合梁结构中的理论可行性,提出了最佳橡胶颗粒掺量。

(8) FRP 作为一种新型的轻质高强材料,近年来在组合桥面板中得到了广泛的应用。针对这种新型 FRP-混凝土组合桥面板技术,国内学者做了大量的理论分析与试验研究。FRP 空心板是一种常用的 FRP 构件,可用于桥面、墙板和楼面。其中 FRP 空心桥面板是最具有前景的应用形式之一。清华大学冯鹏通过提出一种新的构造方法——外部纤维缠绕增强法,用以增强 FRP 空心桥面板中各组件间连接的受力性能,以此设计制作出一种新型 FRP 空心桥面板。他通过静力性能、疲劳性能试验,提出了考虑变形储备和承载力储备的 4 个受弯构件的性能指标,建立了 FRP 空心板的设计计算理论。

(9) 1982 年,我国在北京密云建成了世界上首座 GFRP 蜂窝箱梁结构的公路桥(见图 1-4)。由于该桥出现桥面下陷和箱梁腹板上方局部压屈等问题,1987 年该桥被重新改造,将承重结构改为 GFRP 箱梁-钢筋混凝土桥面板组合结构。至今该桥结构状况良好。实践表明,该组合体系是比较合理的。

图 1-4 世界首座 GFRP 公路桥(北京密云桥)

1.5 国外广义叠合楼盖发展过程及最新研究动态

1.5.1 发展过程

1.5.1.1 推广应用情况

在国外,20 世纪 20 年代开始将混凝土叠合结构应用于桥梁工程,40 年代开始将其应用于房屋建筑工程。在民用建筑方面,国外在 20 世纪 50 年代用得较多的是一种以工业生产的预应力棒及预应力薄板作为配筋构件,在其上面浇筑低强度混凝土的组合结构。在单层和多层工业厂房方面,国外在 20 世纪 50 年代就开始采用混凝土叠合结构;60 年代混凝土叠合结构得到了较大发展;70 年代以后混凝土叠合构件朝着定型化、体系化方向发展。在多层工业厂房楼盖方面,国外一般采用下述两种形式:① 先预制梁板,再在其上浇筑混凝土;② 全部现浇梁板和混凝土。

1.5.1.2 规范制订情况

20 世纪 70 年代末,法国建筑科学技术中心提出了用预制薄板和现浇混凝土层组成的空心楼板的技术规定,提出了系统完善的叠合板设计、计算、生产和使用的全部技术规定。20 世纪 80 年代初,德国钢筋混凝土委员会实施了预应力连续叠合板的研究计划,对这种结构进行了系统的研究,取得了可靠的研究成果,提出了"关于预应力叠合板的设计建议"。混凝土叠合楼盖由于具有二阶段制造和受力特性,所以受力性能与整浇梁板的相比有很大的差别。美国认证协会学会在 20 世纪 60 年代提出了"建筑用组合梁设计暂行建议"。美国认证协会规范、英国混凝土结构规范及苏联规范对混凝土组合结构的计算和构造规定,都列出了专门章节和条文。但国外研究主要集中在以下四个方面:① 叠合面的抗剪强度与抗剪连接;② 叠合面上下两部分的收缩微差产生的附加内力及变形;③ 预制构件对叠合层混凝土极限变形的抑制;④ 抗烈度和挠度变形的计算设计方法等问题。大部分研究是针对一次受力叠合结构,未能反映混凝土叠合楼盖在无支撑施工条件下的二次受力特点。关于叠合梁的强度,国外认为不受叠合前弯矩的影响(即叠合梁、板正截面的承载能力等于同样截面尺寸、配筋与混凝土强度的现浇梁截面的承载能力),配筋一般按照现浇梁截面进行计算取值。关于叠合梁的最大配筋率的界限值也认为和整体梁的一样,但是实际上这种结构的强度、最大配筋界限值以及在使用阶段的受力性能受很多因素的影响(如是否施加预应力,钢筋屈服台阶的大小,叠合前第一次加载弯矩的大小,叠合前后有效高度的比值等)。"美国组合结构设计暂行建议"为了防止钢筋混凝土组合梁裂缝过大和过宽,在按强度计算时,组合截面的计算有效高取相应整浇梁的有效高与限制有效高中的较小者,但是限制有效高的计算公式仅是一个半理论半经验的公式。这个计算公式虽然在形式上反映了叠合梁由于二次受力可能出现的"应力超前现象"的不利特点,但是缺乏二次受力叠合梁的试验数据作为依据,特别是忽略了由于二次受力所产生的"荷载预应力"对使用阶段受力性能的有利作用。因此这个计算公式不能完全反映二次受力叠合梁的真实受力特点。在一般情况下用这个计算公式计算出的叠合梁的配筋率都偏大。

1.5.2 最新研究动态

国外最新的研究主要集中于不同材料在叠合板中的应用。这些材料既涵盖了传统材料,又包括了最新高性能新型材料。其主要代表有:纤维增强复合材料混凝土叠合板、纤维增强水泥混凝土叠合板、活性粉末混凝土叠合板、复合砂浆钢丝网混凝土叠合板、钢纤维混凝土叠合板、轻骨料混凝土叠合板、压型钢板-混凝土叠合板、橡胶集料混凝土叠合板、木-混凝土叠合板及竹-混凝土叠合板。国外许多学者在把这些新型组合板应用于桥梁工程及大跨房建工程方面做了大量有益的研究。下面主要介绍目前应用较广的 FRP-混凝土组合板与压型钢板-混凝土组合板的最新研究动态。

(1) FRP-混凝土组合板的最新研究情况

纤维增强复合材料(FRP)是由纤维材料与基体材料按一定比例混合并经特定工艺复合而成的高性能新型材料。FRP 自 20 世纪 40 年代问世以来,在航空、航天、船舶、汽车、化工、医学及机械等领域得到广泛的应用。近年来,FRP 以其高比强度及高比模量、耐腐蚀、抗疲劳等优点,开始在桥梁中得到应用。由于 FRP 具有弹性模量低、各向异性、价格高等缺点,所以全 FRP 桥面板很难满足高性能、低成本的要求。因此,在现阶段要大规模地采用全 FRP 桥面板还有很大的困难,将 FRP 与混凝土进行组合更具有可行性。

FRP-混凝土组合板是一种合理的组合结构。其设计理念与钢-混凝土组合板的相同:上部的混凝土主要受压,下部的 FRP 构件主要受拉,它们之间通过连接系统协同工作,使两种材料得到充分利用,并获得较大的刚度。此种结构既充分利用了混凝土抗压强度高、成本低的优点,又充分发挥了 FRP 高抗拉强度的特点。同时,FRP 构件可兼为模板。把 FRP 构件与混凝土结合形成组合桥面板的关键是它们之间有效的连接技术。目前,FRP-混凝土组合桥面板的连接技术主要有胶结连接、黏结连接、机械咬合连接、开孔板连接以及混合连接等。

20 世纪 90 年代中期,在北美地区,公路桥梁中桥面结构劣化问题日渐突出,使用 FRP 桥面体系优良的耐久性成为 FRP 在桥梁结构应用的主要动因。目前,FRP 桥面体系在世界各国发展迅速。各国学者对 FRP 桥面体系进行了大量的相关研究。

① 1998 年,美国俄亥俄州公路局提出了一个"多所大学联合研究计划",用来评定应用到美国俄亥俄州塞勒姆大道桥中的 FRP-混凝土组合桥面板(见图 1-5)的结构性能。该组合桥面板采用了 GFRP 挤拉板与叠合层混凝土,与此同时叠合层混凝土中受力主筋采用了 GFRP 筋。

② 2000 年,美国加利福尼亚州大学圣地亚哥分校的赵雷等提出了一种由混杂 FRP-混凝土组合梁、CFRP-混凝土组合桥面板及 CFRP 剪力键组成的桥梁系统(见图 1-6)。FRP 板带肋与图 1-5 所示的类似。水平剪力通过桥面板和组合梁间的 CFRP 剪力键来传递。

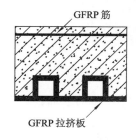

图 1-5 FRP-混凝土组合桥面板截面

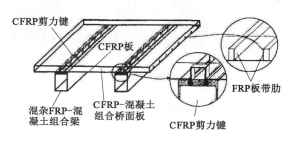

图 1-6 组合桥面板截面

③ 2001 年,韩国建设技术委员会联合弘益大学等其他三所大学进行了 FRP-混凝土组合桥面板的研究与开发应用。其中颇具代表性的有:a. 为解决 FRP 筋混凝土结构刚度较弱的问题,开发了带箱型加强肋的 FRP 底板-混凝土组合板(见图 1-7)。其中,FRP 底板由 FRP 箱形加强肋与 FRP 薄板组成(见图 1-8)。FRP 箱形加强肋为拉挤板材,FRP 薄板为叠层板。在桥面板施工前通过环氧树脂和界面黏沙将 FRP 箱形加强肋与 FRP 薄板黏合在一起。b. 由于 FRP 箱形加强肋与 FRP 薄板制作方法不同,所以其力学性能较难控制且两者的组装比较费时。因而开发了带双孔的 FRP 底板-混凝土组合桥面板(见图 1-9)。双孔 FRP 底板(见图 1-10)为拉挤板材。可对其进行模块化生产。伸出的板肋可作为剪力连接器。通过板肋预留孔洞可进行横向 FRP 筋的配置。

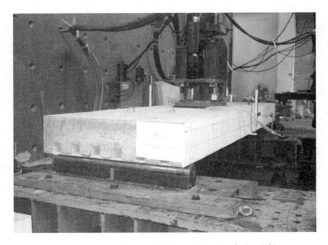

图 1-7　箱形肋 FRP 底板混凝土组合板试件

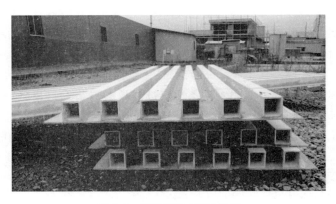

图 1-8　带箱形肋 FRP 底板

④ 2002 年,美国威斯康星-麦迪逊大学的班克等提出了一种 FRP 增强双向格栅混凝土组合桥面板。该桥面板与塞勒姆大道桥中的组合板类似,其不同的是桥面板上部采用双向 FRP 格栅代替 FRP 筋作为增强物,FRP 板与混凝土间的连接采用粗砂涂层方式。其施工现场如图 1-11、图 1-12 所示。他们针对这种新型组合桥面板的施工与造价、冲切破坏等做

图 1-9 带双孔 FRP 底板混凝土组合板试件

图 1-10 带双孔 FRP 底板

了大量研究。2010 年,美国著名拉挤厂商 Strongwell 公司在美国威斯康星大学的帮助下,编制了 GRIDFORM 格栅产品设计指南。用 GRIDFORM 格栅增强的桥面板预期寿命是钢筋混凝土桥面板寿命的几倍,可不用支模,能够减少捆扎钢筋量。这种格栅以大的预制板形式进入工地。用吊车单次提吊就可使这种格栅就位。在大多数情况下使这种格栅可显著减少桥面板的施工时间。

⑤ 2009 年,美国西点军校哈纳斯等对一座采用 FRP-混凝土组合桥面板的军用桥梁进行了比较深入的探讨。组合桥面板采用了班克等提出的 FRP 增强双向格栅混凝土组合桥面板。在该桥梁结构中,组合桥面板作为桁架的上弦杆,同时受到轴力和弯矩的作用。组合桥面板中 FRP 型材及节点构造分别如图 1-13、图 1-14 所示。对比试验结果表明:美国的 ACI440 设计指南给出的计算方法能准确地预测纯弯以及弯剪作用下的组合桥面板的承载力。

⑥ 2004 年,美国纽约州立大学的北根等提出了一种由梯形 GFRP 箱梁(见图 1-15)和压区混凝土构成的 GFRP-混凝土组合桥面板(见图 1-16)。他们通过单跨18.3 m 简支单车道桥的有限元分析及 1/5 桥面板缩尺模型的静力试验论证了该组合桥面板具有较高的刚度与强度储备。他们的研究结果表明:该组合桥面板完全满足美国国家高速公路和交通运输协会标准的规定。

图 1-11　安装 FRP 底板兼做模板

图 1-12　吊装双层双向 FRP 格栅

图 1-13　组合桥面板连接节点构造

图 1-14　组合桥面板与桁架连接节点构造

图 1-15　梯形 GFRP 箱梁

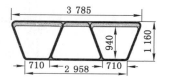

图 1-16　组合桥面板横截面

⑦ 2007 年,美国阿雷夫等针对 GFRP-混凝土组合桥面板 1/4 模型,进行了弯曲试验、剪切破坏试验及数值模拟。他们在 FRP 薄壁结构的受压区设计了一个薄层空腔,通过内部填充混凝土,可以用来承受车轮局压,防止薄壁结构局部受压屈曲。由于混凝土被封闭在薄层空腔内,减缓了组合桥面板的老化程度,提高了组合桥面板的耐久性能。

⑧ 2007 年,瑞士科勒尔等提出了一种新型 FRP-轻骨料混凝土组合桥面板。这种组合桥面板由上中下三层构成。其最下层为带 T 形肋的 FRP 板,其中间层为轻骨料混凝土(LC),其上层为超高强混凝土(NC),如图 1-17 所示。他们进行了 8 根这种组合桥面板的试验研究。他们的研究结果表明:该类型组合桥面板极限荷载平均增加了 104%,其结构自重降低了 40%,但呈脆性破坏形态。

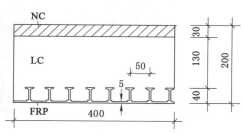

图 1-17　FRP-轻骨料混凝土组合桥面板

⑨ 2012 年,加拿大纳尔逊等提出了波纹 GFRP 挤压成型薄板混凝土组合桥面板。下部波纹 GFRP 挤压模板之间采用针眼的方式进行连接,确保了下部模板在平行交通方向的连续性与整体性。波纹 GFRP 模板及针眼节点连接如图 1-18 所示。施工现场 GFRP 模板

布设如图 1-19 所示。他们通过试验研究了波纹 GFRP 模板作为悬挑构件的受弯可行性、其与混凝土黏结性能、针眼连接可靠性等。对比传统桥面板,该新型组合桥面板最大的优点是其冲切破坏之前显示出了较强的变形性能。他们的研究结果表明:波纹 GFRP 模板与混凝土的黏结性能可提高构件的刚度,但对构件强度的影响很小。

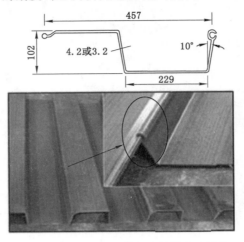

图 1-18　波纹 GFRP 模板及针眼节点连接

图 1-19　施工现场波纹 GFRP 模板布设

（2）压型钢板-混凝土组合板最新的研究情况

将钢板与混凝土进行合理组合,可以开发出较高效能的组合板,解决传统结构难以克服的困难。比如,对于跨径较小的斜桥或是弯桥,可采用钢筋混凝土桥面板。但在桥宽度或斜度变化幅度大时,在实际配筋设计时,钢筋混凝土桥面板的板底不仅需要满足强度条件,还需要控制最大主拉应力,这导致实际设计及施工难以有效实现。通过抗剪栓钉将钢板与后浇层混凝土组合成整体受力的钢板-混凝土组合板（见图 1-20）,能有效解决混凝土板易开裂的问题。上部混凝土与下部钢板可充分发挥抗压强度与抗拉强度,底部钢板可以有效抵抗各个方向的板底拉应力,栓钉可传递钢板与混凝土之间的剪力、防止界面剥离。

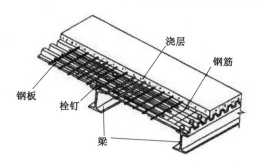

图 1-20 钢板-混凝土组合板示意图

国外学者从 20 世纪 90 年代以来,针对压型钢板-混凝土组合板的受力性能与设计方法做了大量研究。其重点主要集中在以下几个方面。

① 界面影响及抗剪性能。

为了解不同刻痕与人工凸起界面对薄壁钢板-混凝土组合板受弯性能的影响,希腊米斯塔基迪斯等采用三维非线性有限元模型研究了不同刻痕与人工凸起对薄壁钢板混凝土组合板受弯强度的影响。他们的研究结果表明:有效人工凸起区域面积与高厚比(人工凸起高度与薄壁钢板厚度比)对这种组合板抗弯性能影响显著。他们通过大量数值计算回归,给出了考虑界面影响的修正抗弯计算公式。

钢板-混凝土组合板的强度取决于钢板与混凝土界面强度。立陶宛有关专家提出了一种基于组合杆理论的界面水平抗剪分析方法,采用这种方法可以很好地评估钢板与混凝土界面的强度与刚度问题。

通过在界面增设抗剪螺栓能明显改善压型钢板-混凝土组合板的界面性能。(a)英国史密斯与库奇曼通过 27 组推挤试验对抗剪螺栓的强度与延性做了比较全面分析。他们设计试件时主要考虑了钢筋网位置、抗剪螺栓的距离、每个波谷的抗剪螺栓数量、板的厚度四个影响因素。他们的研究结果表明:板面钢筋网能有效控制局部开裂且能提供足够的延性;抗剪螺栓的距离对构件强度影响较小,且有近 1/3 的抗剪螺栓对构件强度提高贡献不大;增加板厚能明显提高组合板界面抗剪强度。(b)英国约翰逊总结了英国规范与欧洲规范有关压型钢板-混凝土组合结构的研究成果,并对设置在压型钢板波谷处的抗剪栓钉的抗剪强度进行了预测。

② 动力特性及抗火性能。

奎克等借助有限元方法对冲击荷载作用下压型钢板-混凝土组合板的动力特性进行了研究,对冲击荷载作用下该组合板的强度与变形性能进行了评估,对各种配筋条件下该组合板的最大挠度、混凝土应变及裂缝分布的非线性趋势进了行深入监控。

埃尔达迪里等基于一种复杂三维组合楼盖模型提出了等效各向同性及等效各向异性实心平板有限元分析模型,在这两种等效有限元模型中皆采用薄壳单元模拟压型钢板以及采用三维实体单元模拟混凝土。该两种简化的有限元模型均被应用于英国卡丁顿八层钢框架中的压型钢板-混凝土组合楼板动力特性分析,有限元预测结果与试验结果吻合良好。

针对火灾作用下的压型钢板-混凝土组合板抗火性能,英国伊祖丁等提出了一种新的分析模型,并采用这种分析模型对火灾作用下影响压型钢板-组合板破坏的各种因素进行了分析,提出了这种方法在组合板结构抗火设计中的应用。英国黄等提出了一种修正的分层板单元用于火作用下压型钢板-组合板的有效刚度模拟;他们的研究结果表明肋对压型钢板-混凝土组合板正交两个方向刚度明显,这使得顺肋方向与垂直肋方向呈正交构造异性特征;他们基于弹性梁弯曲理论给出了两个方向的有效刚度系数。英国余等通过采用分层 9 节点等掺板单元和 3 节点梁单元对压型钢板-混凝土组合板抗火性能进行了有限元分析;他们的研究结果表明:组合板的特殊形式使得其热性能与结构性能呈各向异性板特征。

③ 设计计算及数值模拟。

a. 挠度计算。

组合板的挠度直接取决于压型钢板与混凝土之间抗剪连接键的抗剪刚度。(a)立陶宛马丘凯蒂斯等基于组合杆理论提出了一种可以直接考虑抗剪连接键抗剪刚度的挠度计算方法,并通过缩口型压型钢板-混凝土组合板的静力弯曲试验与理论计算对比,验证了该方法的准确性。很少有研究针对考虑时间服役条件下组合板的受力性能。(b)澳大利亚吉尔伯特等针对干缩影响下组合板的长期应力与变形性能进行了研究,通过在实验室条件下测定了沿组合板厚度的非标准分布干缩值,提出了基于时间影响的组合板长期应力与变形性能分析方法。

b. 极限强度。

韩国金等通过在压型钢板上增设钢板剪力键(见图 1-21),进行了 8 组不同剪跨比的压型钢板-混凝土组合板的受弯性能试验,采用经验 m-k 法对这种组合板的水平抗剪承载力进行了评估。为验证这种组合板在正、负弯矩作用下的极限承载力,他们进行了 2 组组合桥面板的足尺破坏试验。他们的研究结果表明:这种组合板在负弯矩作用下的极限强度是混凝土初始开裂荷载接近相同条件下 RC 板极限强度的 2.5 倍~7.1 倍,而其厚度却不到 RC 板厚度的 25%。

图 1-21　增设有钢板剪力键的压型钢板

c. 数值模拟。

丹尼尔斯等采用几个简化与假定(特别是忽略了压型钢板与混凝土间化学黏结以及混凝土受拉性能),通过剪切-黏结试验与数值分析手段提出了一种新的压型钢板-混凝土组合板强度与受力性能的预测方法。他们为研究跨数、压型钢板接合面的凸起设置情况、端部锚固以及靠近中间支座负弯矩筋的配置等 4 个因素对组合板强度与受力性能的影响,进行了足尺单跨与连续跨组合板对比试验,并与已提出的新预测方法进行了对比。他们的研究结果表明:新预测方法能合理且保守地预测单向组合板的性能与极限承载力;对于诸多实际常采用的极限细长比、极限承载力并不是极限设计的标准,控制标准反而是跨中的挠度。但是,他们提出的新预测法只能用于估计单跨与连续跨跨中挠度大小。

英国埃尔加佐利提出了一种新的板壳单元。这种新的板壳单元不仅能考虑材料非线性的影响,还可考虑几何非线性的影响。可将这种新的板壳单元用于组合楼板的几何正交各向异性特性研究。

西班牙费雷尔等提出了一种建立组合楼板 3D 非线性有限元模型的新方法,并将其用于组合板拉拔试验中界面纵向滑移机的数值模拟,主要考虑了摩擦因素,界面凸起的高度、长度、跨度、斜度及间距,压型钢板的厚度及压型钢板肋形状的角度。

韩国郑提出了一种简化数值模拟方法对增设有钢板剪力键的压型钢板结构性能进行了分析。为能模拟压型钢板与混凝土间的剪切黏结性能,希腊沙罗斯等基于非凸-非光滑能量优化原理提出了一种新的组合楼板数值模拟方法。

1.6 双向叠合板双向受力效应研究及新型结构体系开发

1.6.1 双向受力效应研究

以上研究很好地解决了传统混凝土叠合板存在的主要问题,但绝大部分研究集中在单向板的受力性能上。为实现混凝土叠合楼盖的双向配筋,实现其双向受力,国内外学者进一步做了大量的创新性的研究。

(1)第一类研究

这类研究主要围绕 FRP 混凝土双向组合桥面板。日本松井等、韩国建设技术委员会蓝等、美国班克等、我国范海丰以及杨勇等分别借助不同构造做法各自开发了 FRP 底板-混凝土双向组合桥面板,实现了 FRP 底板-混凝土组合桥面板的双向配筋。他们研究的共同点是:FRP 底板上增设 FRP 板肋,伸出的板肋兼作为抗剪键;在板肋上预留孔洞,通过在预留孔洞内配置横向穿孔 FRP 筋或普通钢筋实现双向受力。

(2)第二类研究

这类研究主要围绕压型钢板混凝土双向组合桥面板。韩国金等、我国杨勇等分别借助不同构造做法各自开发了压型钢板-混凝土双向组合板,实现了压型钢板-混凝土组合板的双向配筋问题。他们研究的共同点是:在底部模板上增设钢板板肋,伸出的板肋兼作为抗剪键;在板肋上预留规则孔洞,通过在预留孔洞内配置横向穿孔钢筋实现双向受力。他们研究的不同点是:底部所采用的模板形状差异很大,前者研究的是梯形压型钢板,后者研究的是平板钢板。此类剪力连接键最早由德国教授莱昂哈特等开发。诸多学者将其简称为 PBL剪力连接键。较传统剪力连接键,FBL 剪力连接键表现出了良好的受力性能和施工方便性。FBL 剪力连接键良好的延性保证了 PBL 剪力连接键群的协同工作。

(3)第三类研究

这类研究主要围绕预制带肋底板混凝土双向叠合板。为改善混凝土叠合板的界面性能，国内学者将预制实心平板改进为带肋的底板，提高了其刚度和承载力，增加了其叠合面的黏结力。但由于只能单向配筋，这类混凝土叠合板垂直于底板板长方向的抗裂性仍然不好，且荷载采用单向板传力模式，其计算模型仍不合理。曾垂军等提出了以预制预应力矩形肋底板为永久模板，在板肋预留矩形孔洞中布设横向穿孔钢筋及在底板拼缝处布置折线形抗裂钢筋或平行短筋，再浇筑混凝土叠合层形成双向配筋混凝土叠合板。针对这种双向叠合板体系，湖南大学吴方伯教授及其团队成员开展了一系列开创性的研究。

① 郑伦存进行了 9 块不同跨度 PK 预应力混凝土叠合板预制带肋薄板试验(2 块 2.7 m 单跨叠合板带试验，2 块跨 2.7 m 叠合连续板带试验，5 块 1 000 mm 长、500 mm 宽、2 500 mm 跨度的叠合拼接板带试验)。他通过大量试验研究与理论分析建立了相应的混凝土叠合板设计计算理论。他研究的预制带肋薄板板肋上增设有圆形规则孔洞，如图 1-22 所示。

图 1-22　板肋增设有规则圆形孔洞的预制带肋薄板

② 周鲲鹏进行了轴线尺寸 5 330 mm×4 160 mm 的足尺楼盖静水加载试验。通过试验，他论证了试验楼盖双向受力特征与抗渗性能。他的研究指出：在楼板跨度比满足一定条件下，按双向板进行设计更符合楼板的工作特性；这种新型楼板呈正交各向异性板特征，且预应力方向刚度分布约为非预应力方向的 2 倍。他以此作为基础，采用经典弯曲薄板理论，采用李维法推导了三种常见边界下的挠度和内弯矩弹性计算系数。正交强、弱两个方向的刚度比与诸多影响因素相关，应该是一个变化值，但是他将其定义为一个定值，这缺乏理论与试验依据。他研究的预制带肋薄板板肋上增设有矩形规则孔洞。

③ 张微伟采用 Ansys 对轴线尺寸 5 330 mm×4 160 mm 的四角柱支承足尺楼盖静水加载试验进行了有限元模拟，并与试验结果进行了对比，验证了有限元模型的正确性。这为大规模采用数值模拟提供了依据。他研究的预制带肋薄板板肋上增设有矩形规则孔洞。

④ 龚江烈进行了净跨尺 2 520 mm×2 800 mm 的四边简支叠合板的集中荷载破坏试验，并借助 Ansys 软件对试验进行了数值模拟；通过试验研究与数值模拟对比，分析了试验楼板的变形、应变分布、刚度特性及抗裂性能等，论证了该新型叠合板具有明显的双向受力特性与良好的整体性能。他研究的预制带肋薄板板肋上增设有矩形规则孔洞。

⑤ 陈科提出了一种新型大跨度 T 形肋预制带肋薄板。在该薄板板肋上设有规则矩形孔洞，如图 1-23 所示。他通过 2 块长 9 000 mm、宽 500 mm 的大跨度 T 形肋预制带肋薄板和 3 块长 9 000 mm、宽 500 mm 的叠合板件试验，研究了其开裂荷载、极限承载力及刚度与挠度变形。他的研究结果表明：这种新型叠合板可用于 6.6～8.7 m 跨度楼盖。

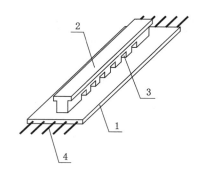

1—实心平板；2—T 形板肋；3—预留孔洞；4—高强预应力螺旋肋钢丝。

图 1-23　板肋增设有规则矩形孔洞的 T 形肋预制带肋薄板

⑥ 潘艳华进行了重复荷载作用下 6 块矩形肋预制带肋底板混凝土叠合板带的受力性能对比试验研究，对叠合面的抗剪性能进行了深入探讨。他的研究结果表明：板肋上增设有矩形孔洞的矩形肋预制底板较实心平板的叠合构件具有更优越的抗剪性能，预制带肋底板板肋及肋内预留孔洞对提高叠合构件的抗剪能力发挥了很大的作用。

⑦ 陈赛国进行了 4 000 mm×4 000 mm 的四边简支足尺矩形肋预制带肋底板混凝土叠合板的均布荷载破坏试验，得到了极限均布荷载下叠合板的塑性铰线分布形态，测得了叠合板的极限荷载，并着重对叠合板极限状态下的受力性能进行了分析，同时借助 Ansys 软件对叠合板的双向受力的形成机理进行了探讨。他研究的预制带肋薄板板肋上增设有矩形规则孔洞。

⑧ 黄璐通过 1 块有拼缝抗裂钢筋的拼接叠合板与 1 块板底无拼缝的基准叠合板、1 块非预应力方向拼接叠合板的对比试验，研究了板底拼缝和拼缝抗裂钢筋对非预应力方向拼接叠合板的承载力及弯曲刚度的影响。

⑨ 黄婷进行了 3 块支座配筋不同的两跨矩形肋预应力混凝土叠合连续板均布荷载破坏试验，研究了叠合连续板的承载力、抗裂性能以及塑性内力重分布特征，给出了该叠合板的中间支座调幅系数的取值建议。

⑩ 张敬书等通过面内低周反复加载试验，研究了预制带肋底板混凝土叠合板的破坏形态、滞回特性、变形性能、延性、刚度和耗能等，建议在实际工程中该叠合板宜适当提高穿孔钢筋和负筋的配筋率，以防止叠合板出现剪切滑移破坏。

⑪ 邓利斌等和周绪红等对混凝土叠合板的耐火性能进行了研究，指出应以跨中挠度变化率作为叠合板达到耐火极限的判别标准。

⑫ 吴方伯等结合现浇空心楼板与叠合板的优点，提出了在一种预应力叠合板中布置筒芯内模形成的叠合空心楼板。他们通过静力试验研究预制带肋底板叠合空心楼板、矩形底板叠合空心楼板及现浇空心楼板 3 种截面形式、2 种截面尺寸的 10 块板带在单调荷载作用下的足尺模型。他们通过改变预制底板类别、筒芯内模的直径及布置方式，对叠合空心板带的破坏形态、截面整体工作性能、正截面受弯承载力、短期刚度、叠合面水平受剪性能等进行了研究。他们的研究结果表明：两种预制底板预应力混凝土叠合空心楼板与预应力现浇空心楼板的总体受力性能较为接近，均可满足工程设计要求。

⑬ 吴方伯等采用蛇形钢筋研究了叠合板拼缝的受力性能,并且把蛇形钢筋与传统的钢筋网片进行了对比分析,综合评价了蛇形钢筋的抗裂性能。他们进行了叠合板带两点静力加载试验研究。他们的研究结果表明:蛇形钢筋对裂缝开展有明显抑制作用,蛇形钢筋的抗裂效果优于钢筋网片的抗裂效果;蛇形钢筋折角范围取为 $40°\sim60°$,经过加工时蛇形钢筋折角范围最好在 $60°$ 左右,这可得出姿态良好的蛇形钢筋。

1.6.2 新型结构体系开发

从 2008 年开始,黄海林等一直致力于预制带肋底板混凝土叠合板的受力性能及设计方法的研究。至今,他的主要研究内容简述如下。

(1)针对新型叠合板独特的结构形式以及预制带肋底板与后浇混凝土的整体作用,提出了"新型叠合板双向受力效应机理"研究项目,借助有限元程序 Ansys 10.0 进行楼板模拟,通过大量计算研究了这种楼板双向受力效应的存在及变化规律,为深入开展这种楼板结构性能的研究提供了依据。

(2)针对新型叠合板采用单向板设计时传力模式不合理,以及采用刚度各向异性板方法求解时计算量大、不便于推广使用的问题,提出了将新型叠合板等效为各向同性板的实用弹性计算方法,通过引入等效跨度比,将强方向、弱方向的刚度比并入到跨度比,将双向叠合板的形状按等效跨度比加以修正后视作各向同性板计算,借助各向同性板的弹性计算系数便能进行双向叠合板的设计。

(3)由于正交两个方向的有效厚度不同,所以在相同条件下新型叠合板的极限承载力与塑性绞线形成位置与现浇板的差异较大。尚未查到有公开的文献采用塑性绞线理论对新型叠合板的极限荷载进行探讨。针对均布荷载作用下常见边界条件的双向叠合板,依据塑性绞线理论,推导了均布荷载作用下常见边界条件双向叠合板的极限承载力与塑性绞线的形成位置,提出了双向叠合板正交两个方向单位宽度极限弯矩的简化计算公式,并且结合静力破坏试验提出了新型叠合板考虑刚度各向异性特征影响的实用塑性设计方法。

(4)在对新型叠合板静力性能研究基础上结合其弯曲疲劳试验,提出了新型叠合板弯曲疲劳性能计算设计理论。合理的叠合面构造与设计对改善预制带肋底板混凝土叠合板的疲劳性能具有重要作用。针对不同叠合面构造与设计下预制带肋底板混凝土叠合板的疲劳性能,进行了 4 组静力与疲劳性能试验。叠合板板件类型包括:实心平板叠合板、矩肋设孔叠合板、T 形肋设孔叠合板及现浇板。通过静力试验研究了新型叠合板的开裂荷载、极限荷载、裂缝分布及破坏形态等。通过疲劳试验研究了板肋形状、预留孔洞、横向穿孔钢筋、疲劳荷载参数及疲劳循环加载次数等主要因素对叠合板疲劳破坏模式及疲劳损伤程度的影响。通过相关理论分析与试验研究,提出了新型叠合板的弯曲疲劳性能计算设计理论,为这种新型叠合板结构在地下停车库、大型剧院、工业厂房以及大跨组合桥面板等结构中的应用提供可靠依据。

2011 年,林光明等对带肋的预制构件结构体系进行了开拓与发展。

(1)为适应不同的楼盖跨度,预制薄板可设计为矩形肋预制薄板和 T 形肋预制薄板,如图 1-24 至图 1-39 所示。矩形肋预制薄板,主要适用跨度为 $2.4\sim6.0$ m 时;T 形肋预制薄板,主要适用跨度为 $6.0\sim9.0$ m 时。T 形肋预制薄板不仅保证预制板件能满足施工阶段的运输要求、吊装要求和使用阶段的承载力要求,还大大减轻了自重。对预制薄板改进的具体思路为:① 将预制薄板的底板厚度由原来的 30 mm 改为 40 mm,以防止底板预应力筋放张时由于局部压应力较大导致锚固破坏。② 由于底板预应力筋配置较多,预应力筋放张后预制薄板的预应力反拱值较大,所以将原有预制薄板的矩形肋改为 T 形肋。T 形肋的翼缘宽度、高度及腹板的宽度、高度可根据叠合板的跨度和厚度进行调整。T 形肋上预留矩形孔洞尺寸一般为 110 mm×25 mm,孔洞净距为 90 mm,同时翼缘内配置一定数量的普通钢筋。③ 为了方便预制薄板的运输和吊装,预制薄板的两端均设置吊环。吊环采用 Ⅰ 级钢筋制作。吊环钢筋直径为 8 mm。吊环埋入混凝土内的长度为 250 mm。④ 预制薄板的宽度仍然主要为 400 mm 和 500 mm 两种规格,也可根据实际情况增加宽度为 600 mm 的规格。⑤ 叠合后,叠合层混凝土比 T 形肋高出 35 mm,以保证板面内钢筋有足够的保护层厚度。

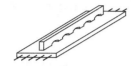

图 1-24　单矩形肋预制薄板

图 1-25　弧形变截面单矩形肋预制薄板

图 1-26　双折线变截面单矩形肋预制薄板

图 1-27　阶梯形截面单矩形肋预制薄板

图 1-28　双矩形肋预制薄板

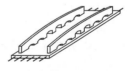

图 1-29　弧形变截面双矩形肋预制薄板

图 1-30　双折线变截面双矩形肋预制薄板

图 1-31　阶梯形截面双矩形肋预制薄板

图 1-32　单 T 形肋预制薄板

图 1-33　弧形变截面单 T 形肋预制薄板

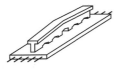

图 1-34　双折线变截面单 T 形肋预制薄板

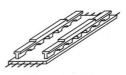

图 1-35　阶梯形截面单 T 形肋预制薄板

图 1-36　双 T 形肋预制薄板

图 1-37　弧形变截面双 T 形肋预制薄板

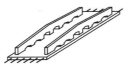

图 1-38　双折线变截面双 T 形肋预制薄板

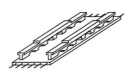

图 1-39　阶梯形截面双 T 形肋预制薄板

（2）按照肋数量的不同，预制薄板可设计为单肋与双肋两种形式。在相同标志宽度以及标志跨度情况下，为增大有效叠合面积以及增加有效孔洞混凝土"销栓"数量，提高叠合面抗剪性能，适用于有振动作用下的楼盖，将单肋形式设计为双肋形式。

（3）为避免局部应力集中，叠合板结构受力更加合理，可将肋内预留矩形孔洞设计为长弧形或其他形状的孔洞。将预留孔洞周边形状设计成长弧形，可有效避免预制薄板在施工阶段荷载作用下的应力集中而导致局部破坏的问题。增大肋内孔洞尺寸可有效减小叠合板预应力反拱度。

（4）按照沿预制薄板板肋长度方向截面形式的不同，预制薄板可设计为单矩形肋、弧形变截面肋、双折线变截面肋以及阶梯形截面肋，如图 1-24 至图 1-39 所示。采用弧形变截面肋、双折线变截面肋以及阶梯形截面肋的预制薄板，可有效减小叠合板的预应力反拱度以及施工阶段的跨中挠度变形。

以上研究在实现叠合板双向受力方向取得了很大的进展，为新型叠合结构技术的推广提供了大量的理论依据与试验支撑。但是对于考虑二次受力影响的预制带肋底板混凝土叠合板刚度各向异性特征并未做深入研究，因此有必要建立考虑正交构造异性特征影响的预制带肋底板混凝土叠合板的简化弹性与塑性设计方法。随着叠合结构技术的广泛应用，叠合板在动荷载作用下的动力特性（特别是叠合板界面疲劳性能问题）日益受到工程界的关注。但是对于叠合板疲劳性能研究主要集中在 FRP-混凝土组合桥面板疲劳性能与钢板-混凝土组合桥面板疲劳性能上，对于传统混凝土叠合板的界面疲劳性能的研究很少。对于预应力叠合板的弯曲疲劳性能的研究则更少。预制带肋底板混凝土叠合板较传统混凝土叠合板具有优良的界面疲劳性能。

1.7 本书主要工作

本书作者在国家自然科学基金(51308207)、湖南省自然科学基金青年人才培养联合基金(14JJ6031)、湖南省自然科学基金青年基金(2018JJ3161)、湖南省教育厅优秀青年项目(19B188)以及湖南建工集团基础研究项目(JGJTK-2018003)的资助下,围绕考虑正交构造异性特征影响的预制带肋底板混凝土双向叠合板(以下简称双向叠合板)设计方法展开了系统研究,取得了独具特色的研究成果。作者希望通过本书系统介绍在双向叠合板设计方法方面取得的研究成果。

由于楼盖结构应用量大面广,所以对这种新型楼盖体系的研究对提高我国建筑新技术、新工艺和促进行业科技进步方面具有十分重要的意义。

第2章　双向叠合板双向受力效应理论研究

2.1　概　　述

　　根据制作工艺的不同,楼盖主要分为现浇和装配式两种,现有楼盖装配整体式介于两者之间。现浇楼盖抗震性、整体性好,但消耗模板与支撑、污染环境、施工周期长、不便于工业化生产且易产生温度收缩裂缝。装配式楼盖易于装配,但抗震性、整体性及抗裂性较差,逐步被限制使用。装配整体式楼盖是在底部采用预制构件,上部叠合一层现浇混凝土,二者共同形成整体的受力结构,又称为叠合楼盖或组合楼盖(composite slabs)。与装配式楼盖比较,叠合楼盖具有刚度大、整体性好、抗震性能优越;与现浇楼盖比较,叠合楼盖具有节省三材、施工简便且能缩短工期等优点。发展这种结构符合国家土地资源政策、环保政策和可持续发展战略。

　　混凝土叠合楼盖在美国、日本、澳大利亚等国家已有 60 多年发展历史。我国从 20 世纪 50 年代开始生产叠合构件,我国研究人员在叠合构件理论分析与工程应用方面均取得很大突破。传统的混凝土叠合楼盖具有以下问题:所用预制构件均为不带肋预制薄板,在运输及施工过程中易折断;预应力反拱值难以控制;施工过程中需设置支撑、施工工艺复杂。尤其是传统的叠合板在垂直于底板板长方向上无受力钢筋,只能做成单向板,并且垂直于底板板长方向上的单向板抗裂性不好;荷载采用单向板传力模式,计算模型不合理,楼板承载力低,适用跨度小(一般小于 6 m)。我国现行国家标准《叠合板用预应力混凝土底板》《预应力混凝土叠合板》中所讲的预制部分均为平板,需要设置支撑,不宜双向配筋,自重大。这降低了这种结构的经济效果,进而影响了其推广使用。

　　针对上述亟待解决的问题,吴方伯等提出以肋内开孔的预制预应力混凝土带肋底板为模板,在底板凸出的板肋预留孔中布设横向穿孔钢筋及在底板拼缝处布置防裂钢筋,再浇筑混凝土叠合层形成双向配筋楼板(以下简称双向叠合板)。这种楼板具有如下优点:可在工厂制作、现场装配;不需或减少支模,施工简便,缩短工期约 1/3;节约钢材量 10%～30%、减少自重约 15%、减少造价额 10%～30%。

2.2　双向叠合板双向受力效应研究背景

　　目前对传统预应力混凝土叠合板的设计应用主要有两种情况:① 小跨度范围(6 m 以下)采用叠合板用预制单向底板,叠合后仍按单向板进行计算;② 大跨度范围(6 m 以上)预制部分按实际应用需要做成双向板,叠合后仍为双向板。第①种方式可采用机械化生产及标准化设计,已得到大规模推广应用。第②种方式需根据实际情况确定预制构件尺寸,故其生产工厂化和设计标准化程度极大降低,其应用范围较小。

本章所研究的双向叠合板具有以下特点:① 预制底板带肋,加大了预制底板与叠合层的接触面,显著提高预制底板与叠合层的黏结力,且可将预制底板变得更薄,减轻自重。② 肋与底板交界处预留方形孔洞,便于布设横向穿孔钢筋和管线,形成双向叠合板,改善了叠合板的受力性能;同时减少了预制底板的反拱,使板底平整。③ 后浇层混凝土流进板肋预留孔内与横向穿孔钢筋共同形成钢筋混凝土销栓,其销栓效应明显增大了预制底板与叠合层之间的咬合力。

传统混凝土叠合板所采用的预制构件为不带肋平板,一般按单向板设计,采用单向配筋形式,故很少有公开的文献资料对双向叠合板的双向受力效应进行探讨。本章针对双向叠合板独特结构形式以及预制底板与后浇混凝土的整体作用,对"双向叠合板双向受力效应理论"进行研究。本章从双向叠合板双向受力效应入手,借助大型通用有限元分析软件 Ansys 10.0 进行楼板计算机精细仿真分析,通过大量计算确定双向叠合板双向受力效应的存在及变化规律。

2.3　双向叠合板双向受力效应有限元分析

为研究双向叠合板双向受力效应的存在及变化规律,按弹性理论建立叠合板计算模型。针对混凝土应力进行有限元分析,为深入开展该楼板结构性能的研究提供依据。

2.3.1　双向叠合板双向受力效应有限元分析的基本假定

(1)混凝土材料为均匀的各向同性的连续介质材料。

(2)预制底板与后浇混凝土叠合面黏结良好。叠合面的抗剪强度满足预制底板与后浇混凝土整体受力的要求。

(3)由于弱方向没有施加预应力,所以板间拼缝客观存在。为减少有限元分析结果的误差,保证理论分析接近实际受力情况,有限元模拟时按照此实际情况考虑板缝的存在,板间拼缝处不考虑板间的弯、剪传递。

(4)由于弹性阶段叠合板尚未开裂,预应力筋及横向穿孔钢筋各自对强方向、弱方向的弹性刚度贡献比率小,所以在分析时忽略预应力及横向穿孔钢筋的影响。

2.3.2　双向叠合板双向受力效应有限元模型的确定及单元划分

2.3.2.1　有限元类型

(1)采用 solid65 单元模拟混凝土材料。单元形状尽量采用空间八节点六面体而避免采用空间四节点四面体。

(2)采用 solid65 单元线性本构。其单元应力应变关系的总刚度矩阵表达式为:

$$\boldsymbol{D} = \left\{1 - \sum_{i=2}^{N_{rb}} V_i^r\right\} \boldsymbol{D}^c + \sum_{i=2}^{N_r} V_i^r \boldsymbol{D}_i^r \qquad (2-1)$$

式中,N_{rb} 为钢筋材料的数目(最多可以设置 3 种,本章分析中楼板不设钢筋,M_1、M_2、M_3 皆取 0,M_1、M_2、M_3 对应实常数定义中的 MAT1、MAT2、MAT3);V_i^r 为配筋率;$\boldsymbol{D}^c$ 为混凝土线弹性应力应变矩阵。

2.3.2.2 有限元模型

双向叠合板已实现预制构件工厂化生产及标准化设计。本章根据双向叠合板实际应用情况,在建模时按照板宽的不同,将预制预应力带肋底板按照标志宽度主要分为 400 mm、500 mm 两种规格。其主要截面尺寸分别如表 2-1 和表 2-2 所示。肋上预留孔洞尺寸均为:肋宽×110 mm×25 mm。

表 2-1　400 mm 宽预制预应力带肋底板主要截面尺寸　　　　　单位:mm

板的标志跨度	2 400	2 700	3 000	3 300	3 600	3 900	4 200	4 500	4 800	5 100	5 400	5 700	6 000
肋高	55	55	55	55	55	65	65	75	75	85	85	95	95
肋宽	80	80	80	80	100	100	110	110	120	120	120	120	130
叠合板总厚度	90	90	90	90	90	100	100	110	110	120	120	130	130
	100	100	100	100	100	110	110	120	120	130	130	140	140
	110	110	110	110	110	120	120	130	130	140	140	150	150

表 2-2　500 mm 宽预制预应力带肋底板主要截面尺寸　　　　　单位:mm

板的标志跨度	2 400	2 700	3 000	3 300	3 600	3 900	4 200	4 500	4 800	5 100	5 400	5 700	6 000
肋高	55	55	55	55	55	65	65	75	75	85	85	95	95
肋宽	100	100	100	100	120	120	130	130	140	140	150	150	150
叠合板总厚度	90	90	90	90	90	100	100	110	110	120	120	130	130
	100	100	100	100	100	110	110	120	120	130	130	140	140
	110	110	110	110	110	120	120	130	130	140	140	150	150

2.3.2.3 有限元模型单元划分

(1) 预制预应力带肋底板划分

按照底板标志宽度不同,将底板划分为 1 个 $a×30$ mm$×L$ 的八结点空间六面体单元。按照肋宽与肋高及开孔情况,将板肋分别划分为 m 个肋宽×25 mm$×L$ 的八结点空间六面体单元、n 个肋宽×(肋高−25 mm)$×L$ 的八结点空间六面体单元。其中,a 为预制底板标志宽度方向的切割尺寸,L 为按照肋上开孔位置进行板长方向的切割尺寸。预制预应力带肋底板单元划分如图 2-1 所示。

(2) 叠合板拼缝处理

双向叠合板在宽度 L_x 方向由底板拼装而成,故预制底板结合位置存在拼缝。在实际建模时考虑拼缝的存在,将拼缝定义为 1 mm 宽,拼缝处不考虑填充后浇混凝土。

(3) 支座边界条件设定

支座边界条件按简支考虑。

$x=0$ 与 $x=L_x$ 支座处:

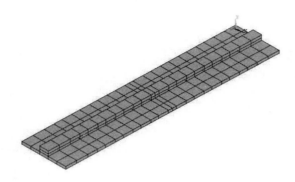

图 2-1　预制预应力带肋底板单元划分

① 水平位移 $U_x \neq 0$，$U_z \neq 0$，$U_y = 0$；
② 转角位移 $R_x = 0$，$R_z \neq 0$，$R_y = 0$。
$z = 0$ 与 $z = L_z$ 支座处：
① 水平位移 $U_x \neq 0$，$U_z \neq 0$，$U_y = 0$；
② 转角位移 $R_x \neq 0$，$R_z = 0$，$R_y = 0$。

2.3.3　双向叠合板双向受力效应有限元计算结果及分析

按照预制预应力带肋底板的不同，以 x、z 方向跨度尺寸（x 为预制底板标志宽度方向、z 为预制底板标志跨度方向）与叠合板总厚度为主要变量，共选取了 37 个模型进行了有限元分析。全部楼板模型按四边简支并承受均布楼面荷载进行计算。其中，计算模型相关参数做如下规定：① 预制预应力带肋底板参数：混凝土弹性模量 $E_c = 3.45 \times 10^4$ N/mm²，泊松比 $\mu = 0.2$；② 叠合层参数：叠合层混凝土弹性模量 $E_c = 2.55 \times 10^4$ N/mm²，泊松比 $\mu = 0.2$；③ 板面均布活荷载 $q = 4$ kN/m²。

2.3.3.1　有限元研究主要内容

（1）方形叠合板情况

研究在 x 与 z 两个方向跨度 $L_x = L_z$ 情况下，方形叠合板双向受力效应随其总厚度 H 的变化情况。方形叠合板上表面中点不同组合下 x 与 z 方向应力计算结果 σ_x 与 σ_z 如表 2-3 所示。典型的方形叠合板 x 与 z 方向的应力矢量有限元计算图分别如图 2-2 和图 2-3 所示。

表 2-3　方形叠合板上表面中点不同组合下 x、z 方向的应力计算结果

L/mm	H/mm	L/H	σ_x/MPa	σ_z/MPa	σ_z/σ_x
	90	26.7	$-0.567\,6$	$-0.707\,0$	1.246
2 400	100	24.0	$-0.501\,2$	$-0.586\,9$	1.169
	110	21.8	$-0.428\,5$	$-0.490\,6$	1.145
	90	33.3	$-0.871\,4$	$-1.102\,8$	1.266
3 000	100	30.0	$-0.772\,8$	$-0.916\,5$	1.186
	110	27.3	$-0.660\,2$	$-0.765\,6$	1.160

表 2-3(续)

L/mm	H/mm	L/H	σ_x/MPa	σ_z/MPa	σ_z/σ_x
	90	40.0	$-1.232\ 7$	$-1.580\ 6$	1.282
3 600	100	36.0	$-1.091\ 5$	$-1.313\ 0$	1.203
	110	32.7	$-0.938\ 7$	$-1.099\ 1$	1.171
	100	42.0	$-1.335\ 7$	$-1.707\ 4$	1.278
4 200	110	38.2	$-1.212\ 1$	$-1.453\ 2$	1.199
	120	35.0	$-1.068\ 1$	$-1.241\ 0$	1.162
	120	45.0	$-1.526\ 2$	$-1.932\ 0$	1.266
5 400	130	41.5	$-1.420\ 7$	$-1.694\ 3$	1.193
	140	38.6	$-1.293\ 1$	$-1.488\ 7$	1.151
	130	46.1	$-1.577\ 9$	$-2.024\ 2$	1.283
6 000	140	42.9	$-1.484\ 7$	$-1.802\ 4$	1.214
	150	40.0	$-1.373\ 0$	$-1.606\ 6$	1.170

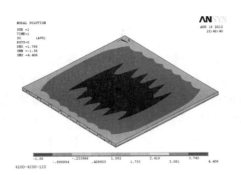

图 2-2　典型的方形叠合板 x 方向的
应力矢量有限元计算图

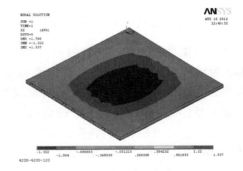

图 2-3　典型的方形叠合板 z 方向的
应力矢量有限元计算图

（2）矩形叠合板情况

研究在同一跨度 L_z 值情况下，矩形叠合板双向受力效应随其跨度 L_x 的变化情况。矩形叠合板上表面中点不同组合下 x 与 z 方向应力计算结果 σ_x 与 σ_z 如表 2-4 所示。典型的矩形叠合板 x 与 z 方向的应力矢量有限元计算图分别如图 2-4 和图 2-5 所示。

表 2-4　矩形叠合板上表面中点不同组合下 x、z 方向的应力计算结果

L_z/mm	L_x/mm	L_x/L_z	H/mm	σ_x/MPa	σ_z/MPa	σ_z/σ_x
	2 400	1		$-0.428\ 5$	$-0.490\ 6$	1.145
	3 000	1.25		$-0.421\ 6$	$-0.692\ 0$	1.641
2 400	3 600	1.50	110	$-0.395\ 9$	$-0.858\ 0$	2.167
	4 200	1.75		$-0.367\ 0$	$-0.981\ 3$	2.674
	4 800	2.00		$-0.335\ 8$	$-1.077\ 2$	3.207

表 2-4(续)

L_z/mm	L_x/mm	L_x/L_z	H/mm	σ_x/MPa	σ_z/MPa	σ_z/σ_x
	3 000	1		−0.660 2	−0.765 6	1.160
	3 600	1.20		−0.654 3	−1.017 9	1.556
3 000	4 500	1.50	110	−0.639 3	−1.324 8	2.072
	5 100	1.70		−0.599 8	−1.490 4	2.485
	6 000	2.00		−0.518 9	−1.676 8	3.231
	3 600	1		−0.938 7	−1.099 1	1.171
	4 500	1.25		−0.973 3	−1.535 7	1.578
3 600	5 400	1.50	110	−0.877 7	−1.908 9	2.175
	6 300	1.75		−0.841 8	−2.195 9	2.609
	7 200	2.00		−0.753 7	−2.403 7	3.189
	4 200	1		−1.212 1	−1.453 2	1.199
	5 100	1.21		−1.256 3	−1.971 5	1.569
4 200	6 300	1.50	110	−1.170 1	−2.547 6	2.177
	7 300	1.74		−1.089 5	−2.913 2	2.674
	8 400	2.00		−0.962 4	−3.211 6	3.337

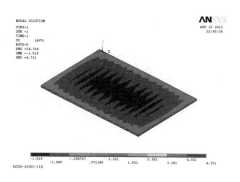

图 2-4　典型的矩形叠合板 x 方向的
应力矢量有限元计算图

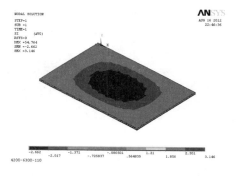

图 2-5　典型的矩形叠合板 z 方向的
应力矢量有限元计算图

2.3.3.2　有限元计算结果分析

从上述大量计算分析可以得出：

（1）新型方形叠合板存在双向受力效应，且其受力效应比较明显。通过表 2-3 可以看出：方形叠合板两个方向的应力值较为接近；在同一跨度情况下，方形叠合板双向受力效应随叠合层厚度增加而表现得更为明显。

（2）新型矩形叠合板存在双向受力效应。通过表 2-4 可以看出：在相同短跨 L_z 和叠合板总厚度 H 情况下，矩形叠合板双向受力效应随长短跨 L_x/L_z 值的增加而逐渐减弱；当长短跨比值 L_x/L_z 超过 2 时，可不再考虑叠合板双向受力效应，可直接按单向受力考虑。

2.4　本　章　小　结

本章建模分析时着重考虑了双向叠合板叠合层板厚度与长短边跨度比这两个参数对其双向受力效应的影响。双向叠合板的边界条件均设为四边简支情况。暂未考虑其他边界条件对双向叠合板双向受力效应的影响。相关研究结果表明：在弹性阶段，双向叠合板存在双向受力效应，并且在一定范围内，双向叠合板双向受力效应十分明显；双向叠合板双向受力效应随着叠合层厚度的增加而变得更为强烈；对于矩形双向叠合板，其双向受力效应随着长短跨跨度比值的增加而逐渐减弱。本章研究双向叠合板双向受力效应是基于弹性假设的。在结构未发生开裂时，通过 37 个模型计算得到相应结果。但是结构开裂后的双向叠合板的双向受力效应直接与强弱方向的配筋、板缝分布以及折线形抗裂钢筋的配置情况相关。对于开裂后，在预应力方向、非预应力方向上的双向叠合板的刚度退化计算模式有必要做进一步探讨。

根据本章研究成果建议：

（1）预制预应力带肋底板应沿双向叠合板短跨方向进行布置。

（2）当双向叠合板长短跨跨度之比小于或等于 2 时，设计时应考虑双向受力效应；当其超过 2 时，设计时可直接按单向受力考虑。

第 3 章　双向叠合板刚度正交构造异性特征研究

3.1　概　　述

预制带肋底板混凝土叠合板采用预制预应力混凝土带肋薄板作为下部永久性模板。在后浇层混凝土的施工过程中,一般不需要设置支撑,它就能满足变形、抗裂和承载力要求,属于二次受力结构。因此应考虑二次受力对预制带肋底板混凝土叠合板刚度的影响。

预制带肋底板混凝土双向叠合板(以下简称双向叠合板)正交两个方向的刚度分布是不均匀的。这在第 2 章中通过借助大型通用有限元分析软件(Ansys 10.0)进行了相关分析与研究。其中,在预应力筋方向,预应力的存在对该方向的刚度有所加强。在横向非预应力方向,由于存在一系列的平行预制板拼缝,所以尽管在预制板拼缝处采取了多种加强措施,但其对该方向刚度的削弱作用依然存在。并且提出的这种双向叠合板一般对拼缝只做构造上的填缝或塞缝处理。因此这种双向叠合板两个方向的刚度存在明显差异。本章主要从以下两个方面进行研究。

(1) 双向叠合板在第一阶段荷载作用下刚度研究

叠合层混凝土达到设计规定的强度以前,由预制预应力带肋混凝土薄板承担全部荷载。此时,荷载应考虑预制预应力带肋混凝土薄板、叠合层、面层、吊顶等自重以及本阶段的施工活荷载。

双向叠合板在预应力方向的刚度理论分析及试验研究:为了保证后浇层混凝土不先于预制构件混凝土开裂,要求预制构件的预制截面在第一阶段荷载作用下必须满足抗裂要求,确定预制构件的弹性刚度形式。

(2) 双向叠合板在第二阶段荷载作用下刚度研究

叠合层混凝土达到设计规定的强度以后,双向叠合板按整体结构计算。此时,荷载应考虑预制预应力带肋混凝土薄板自重、叠合层自重、面层、吊顶等自重以及使用阶段的活荷载。

双向叠合板在弹性工作阶段的刚度理论分析和试验研究:确定楼板预应力方向和非预应力方向预制构件的弹性刚度形式。

3.2　双向叠合板在第一阶段荷载作用下刚度研究

预制预应力薄板带肋且肋上设有孔洞。其截面刚度呈阶梯形变化。其短期刚度及弯曲挠度的计算成为该双向叠合板二次受力分析要解决的重要问题。为此,进行了 10 块矩形肋预制预应力带肋薄板、2 块 T 形肋预制预应力带肋薄板的静载试验,得到了这些双向叠合板的跨中荷载-挠度曲线。通过理论推导得到考虑肋上孔洞分布及肋端缺口的预制预应力带肋薄板的弯曲挠度通用公式以及等效刚度公式,以便于编制计算机程序进行计算。对比分析了基于等效刚度公式计算及试验得到的跨中荷载-挠度曲线。其研究结果表明:在均布荷载作用下两端简支预制预应力带肋薄板短期刚度可按 0.85 倍等效刚度计算。这为深入开展这些双向叠合板二次受力性能的研究提供了依据。

3.2.1 预制带肋薄板刚度试验研究

3.2.1.1 试件设计与制作

共设计制作了 12 块预制薄板试件。其中,10 块试件为矩形肋预制薄板,它们适用跨度为 2.4～6.0 m;2 块试件为 T 形肋预制薄板,它们适用跨度为 6.0～9.0 m。预制薄板示意图如图 3-1 所示。预制薄板试件设计如图 3-2 所示。预制薄板试件基本参数及混凝土性能指标见表 3-1。预制薄板试件的底板配预应力筋。预应力筋受拉截面中心距板底 17.5 mm。在矩形肋内、T 形肋翼缘内配普通钢筋。普通钢筋截面重心到矩形肋或翼缘上边缘距离为 20 mm。钢筋配置情况及力学性能见表 3-2。

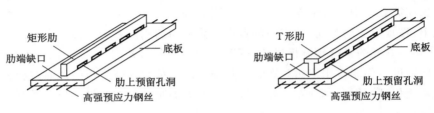

图 3-1 预制薄板示意图

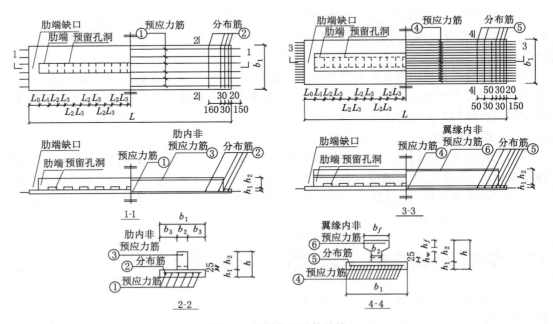

图 3-2 预制薄板试件设计

表 3-1　预制薄板试件基本参数及混凝土性能指标

试件编号		长度 L	肋高 h_2	肋宽 b_2	底板高 h_1	腹板高 h_w	翼缘高 h_f	翼缘宽 b_f	$f_{cu,k}$ /MPa	E_c /MPa
矩形肋	1	2 700	45	100	30	—	—	—	50	34 500
	2	2 700	45	100						
	3	2 700	45	100						
	4	3 820	65	120						
	5	4 200	65	130						
	6	4 200	65	130						
	7	4 200	65	130						
	8	4 800	75	140						
	9	4 800	75	140						
	10	5 020	85	140						
T 形肋	11	9 000	125	100	40	70	40	200	53.2	35 100
	12	9 000	125	100	40	70	40	200	53.2	35 100

注：长度单位如未注明均为 mm；所有试件底板宽 b_1 均为 500 mm；$f_{cu,k}$、E_c 分别为混凝土立方体抗压强度标准值和弹性模量。

表 3-2　钢筋配置情况及力学性能

钢筋类别	试件	钢筋设计	屈服强度/MPa	极限强度/MPa	弹性模量/MPa
预应力筋	1、2、3	6 Φ^b5	—	704	2.05×10⁵
	4	5 Φ^H4.6	—	1 564	
	5、6、7	12 Φ^b5	—	704	
	8、9	9 Φ^H5	—	1 564	
	10	7 Φ^H5	—	1 564	
	11、12	16 Φ^H4.6	—	1 630	
非预应力筋	1～9	1 Φ6	254	348	2.0×10⁵
	10	2 Φ6	250	320	
	11、12	2 Φ8	430	597	

3.2.1.2　试验装置与加载方案

试验采用红砖及水泥袋进行加载。在预制薄板试件跨中和支座处安装百分表，以量测跨中挠度。试验加载装置及挠度测点布置如图 3-3 所示。

试验前先计算出预制薄板试件的开裂荷载和极限荷载，以便试验过程中进行控制和比较。预加载荷载取计算开裂荷载的 20%。正式加载中，达到计算开裂荷载的 90% 前，每级荷载取计算开裂荷载的 20%；此后，每级荷载取计算开裂荷载的 5%。开裂后，加载达到计算极限荷载的 90% 前，每级荷载取计算开裂荷载的 10%；此后，取计算开裂荷载的 5%。每级荷载加载完毕后停留 10 min。当试件跨中挠度超过跨度的 1/50 时，就认为板件已破坏，停止加载。

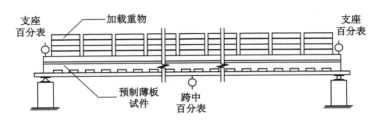

图 3-3　试验加载装置及挠度测点布置

3.2.1.3　试验结果及分析

（1）试验测得的矩形肋预制薄板跨中荷载-挠度曲线如图 3-4 所示。所有试件在加载到承载力极限状态时挠度尚未达到跨度的 1/50，试件抗弯刚度较大。预应力筋与混凝土之间的黏结锚固性能很好。最后由于钢筋达到极限抗拉强度而破坏。

（2）试验测得的 T 形肋预制薄板跨中荷载-挠度曲线如图 3-5 所示。试件开裂前每级荷载产生的挠度较小；试件开裂时，跨中首先出现数道细密裂缝，随着荷载的增加，试件挠度变形及裂缝不断增加；最后由于试件挠度达到跨度的 1/50 而停止加载。破坏时试件弯曲变形特征明显。试件最大裂缝宽度为 0.3 mm。大部分裂缝向上延伸至试件底板上表面，但 T 形肋上未发现可见裂缝。试件受压区混凝土完好、无压碎，预应力筋无滑移现象。卸载后，试件基本回复至原来位置，其残余变形为 15 mm。

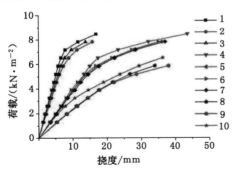

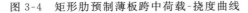

图 3-4　矩形肋预制薄板跨中荷载-挠度曲线

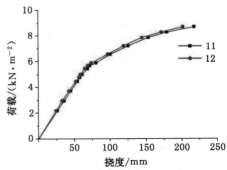

图 3-5　T 形肋预制薄板跨中荷载-挠度曲线

3.2.2　预制带肋薄板等效刚度理论推导

工程实际中常遇到阶梯形变截面梁、板，求其复杂荷载作用下的变形多采用近似的数值解法。李建成给出了阶梯形变截面梁的第 n 段变形的通用方程（但需计算各段端点的转角多项式和挠度多项式的值）。章青利用广义函数研究了截面呈阶梯形变化的梁与板的弯曲问题，直接导出了其挠度通用公式。李银山等采用直接积分法求解变惯性矩梁变形（但要确定若干积分常数）。朱先奎利用亥维赛函数，将任意变刚度化为阶梯刚度，导出了任意变刚度梁变形的一种通用方程的微分形式和积分形式。在已有变截面梁、板弯曲挠度理论研究成果基础上，结合预制薄板特点，采用图乘法推导预应力作用下两端简支预制薄板跨中挠度及等效刚度的计算公式。利用单位阶梯函数，结合预制薄板特点，将变刚度化为阶梯刚度；利用狄拉克 δ 函数，通过拉普拉斯正反变换，导出任意均布荷载作用下阶梯形刚度预制薄板变形的通用方程的微分形式和积分形式,进一步求解得到考虑肋上孔洞分布及肋端缺口尺寸的预制薄板弯曲挠度的通用公式。通过简化分析推导得到均布荷载作用下两端简支预制薄板等效刚度公式,以便于工程设计参考。

3.2.2.1　预制薄板刚度函数

利用单位阶梯函数:

$$u_\xi(x) = \begin{cases} 0, x < \xi \\ 1, x \geqslant \xi \end{cases}$$

式中常数 $\xi \geqslant 0$。预制薄板的抗弯刚度函数 $D(x) = EI(x)$ 可表示为阶梯形式,如图 3-6 所示。根据预制薄板肋上孔洞分布及肋端缺口尺寸将长度 l 划分为 $2n+3$ 段(n 为肋上预留孔数,$n \geqslant 10$)。其中,第 r 段的端点号为 $(r, r+1)$,d_r 为第 r 点($r = 1, 2, \cdots, 2n+3$)的 x 坐标,D_r 为第 r 段抗弯刚度。第 r 点($r = 2, 3, \cdots, 2n+3$)为预制薄板抗弯刚度函数 $D(x)$ 的跳跃间断点。该点左右极限分别取:

当 $x = d_r - \chi$ 且 $\chi > 0$,$\lim\limits_{\chi \to 0} D(d_r - \chi) = D_{r-1}$。

当 $x = d_r + \chi$ 且 $\chi > 0$,$\lim\limits_{\chi \to 0} D(d_r + \chi) = D_r$。

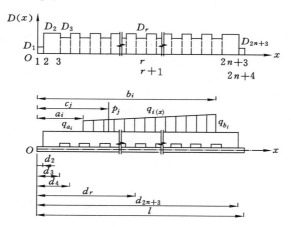

图 3-6　预制薄板荷载、阶梯形刚度分布

预制薄板任意截面的刚度函数表示为:

$$D(x) = D_1 + \sum_{r=2}^{2n+3} (D_r - D_{r-1}) u_{d_r}(x) \tag{3-1}$$

令 $\beta_r = D_1/D_r$,则 $D(x)$ 的倒数构造为:

$$\frac{1}{D(x)} = \frac{1}{D_1} \left[1 + \sum_{r=2}^{2n+3} (\beta_r - \beta_{r-1}) u_{d_r}(x) \right] \tag{3-2}$$

3.2.2.2　预制薄板预应力作用下等效刚度及反拱度推导

由于肋上孔洞及肋端缺口的存在,所以预制薄板截面几何中心沿长度方向呈阶梯形变化。实际工程中若要精确计算预应力作用下两端简支预制薄板的反拱度比较繁琐,所以一般按无孔模型或通孔模型进行简化计算。但按此简化方法计算得到的预制薄板反拱度与真实值相比有一定的偏差。按照预制薄板的实际结构模型,将刚度、预应力作用下的偏心弯矩划分为 $2n+3$ 段,通过图乘法推导得到考虑肋上孔洞分布及肋端缺口尺寸预应力作用下两

端简支预制薄板的反拱度计算公式。预应力偏心距 e_p 分布、预应力作用下弯矩 M 分布及跨中单位荷载作用下 $\bar{M}$ 分布如图 3-7 所示。

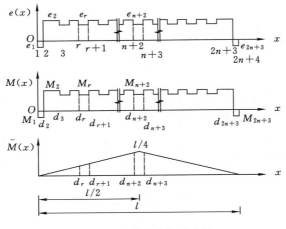

图 3-7　图乘法求解示意图

预制薄板两端施加预应力 N_p 时，第 r 段预制薄板预应力偏心弯矩为：

$$M_r = N_p e_r \tag{3-3}$$

式中，e_r 为第 r 段预应力偏心距。

预制薄板跨中单位荷载作用下弯矩 $\bar{M}(x)$ 计算公式为：

$$\bar{M}(x) = \begin{cases} \dfrac{x}{2}, 0 \leqslant x \leqslant \dfrac{l}{2} \\[2mm] \dfrac{l-x}{2}, \dfrac{l}{2} < x \leqslant l \end{cases} \tag{3-4}$$

采用图乘法求得预应力作用下两端简支预制薄板跨中反拱度 f_1 为：

$$f_1 = \int_0^l \frac{M(x)\bar{M}(x)}{D(x)} \mathrm{d}x \tag{3-5}$$

将预制薄板分成 $2n+3$ 段进行分段积分，可得：

$$f_1 = \sum_{r=1}^{2n+3} \int_{d_r}^{d_{r+1}} \frac{M(x)\bar{M}(x)}{D_r} \mathrm{d}x \tag{3-6}$$

将式(3-3)、式(3-4)代入式(3-6)简化求得：

$$f_1 = \sum_{r=1}^{n+1} \frac{d_{r+1}-d_r}{D_r} N_p e_r \frac{d_r + d_{r+1}}{2} + \frac{d_{n+3}-d_{n+2}}{D_{n+2}} N_p e_{n+2} \frac{d_{n+2}+\dfrac{l}{2}}{4} \tag{3-7}$$

令 $\alpha_r = e_1/e_r$，并将 $1/D_r = \beta_r/D_1$ 代入式(3-7)得：

$$f_1 = \frac{N_p e_1 l^2}{8D_1} \left\{ \frac{8}{l^2} \left[\sum_{r=1}^{n+1} \frac{(d_{r+1}-d_r)(d_r+d_{r+1})}{2} \frac{\beta_r}{\alpha_r} + \frac{(d_{n+3}-d_{n+2})\left(d_{n+2}+\dfrac{l}{2}\right)}{4} \frac{\beta_{n+2}}{\alpha_{n+2}} \right] \right\} \tag{3-8}$$

令

$$\lambda_1 = \left\{ \frac{8}{l^2} \left[\sum_{r=1}^{n+1} \frac{(d_{r+1} - d_r)(d_r + d_{r+1})}{2} \frac{\beta_r}{\alpha_r} + \frac{(d_{n+3} - d_{n+2})\left(d_{n+2} + \dfrac{l}{2}\right)}{4} \frac{\beta_{n+2}}{\alpha_{n+2}} \right] \right\}^{-1}$$

(3-9)

将式(3-9)代入式(3-8)有：

$$f_1 = \frac{N_p e_1 l^2}{8\lambda_1 D_1}$$

(3-10)

定义 $D_{e1} = \lambda_1 D_1$，D_{e1}、λ_1 分别为预应力作用下两端简支预制薄板等效刚度、等效刚度系数，则有：

$$f_1 = \frac{N_p e_1 l^2}{8 D_{e1}}$$

(3-11)

3.2.2.3 预制薄板均布荷载作用下等效刚度及挠度推导

（1）预制薄板内力的通用方程

在图 3-6 所示的任意线性分布荷载与集中荷载作用下，利用单位阶梯函数与狄拉克 δ 函数的有关性质，预制薄板荷载密度函数 $f(x)$ 可表示为：

$$f(x) = \sum_i q_i(x) \left[u_{a_i}(x) - u_{b_i}(x) \right] + \sum_j p_j \delta(x - c_j)$$

(3-12)

线性分布荷载函数为：

$$q_i(x) = q_{a_i} + \frac{q_{b_i} - q_{a_i}}{b_i - a_i}(x - a_i)$$

(3-13)

式中，$q_i(x)$ 为第 i 个线性分布荷载，q_{a_i}、q_{b_i} 为第 i 个线性分布荷载区间 $[a_i, b_i]$ 两端给定值。

将式(3-13)代入式(3-12)，简化得到：

$$f(x) = \sum_i \left[q_{a_i} u_{a_i}(x) - q_{b_i} u_{b_i}(x) + \frac{q_{b_i} - q_{a_i}}{b_i - a_i}(x - a_i) u_{a_i}(x) - \frac{q_{b_i} - q_{a_i}}{b_i - a_i}(x - b_i) u_{b_i}(x) \right] + \sum_j p_j \delta(x - c_j)$$

(3-14)

预制薄板内力和外载的微分关系为：

$$\frac{\mathrm{d}^2 M(x)}{\mathrm{d}x^2} = -f(x)$$

(3-15)

将式(3-14)代入式(3-15)，并将左端支座截面($x=0$)弯矩与剪力记入外载中，得含单位阶梯函数及 δ 函数的常系数微分方程为：

$$-\frac{\mathrm{d}^2 M(x)}{\mathrm{d}x^2} =$$

$$\sum_i \left[q_{a_i} u_{a_i}(x) - q_{b_i} u_{b_i}(x) + \frac{q_{b_i} - q_{a_i}}{b_i - a_i}(x - a_i) u_{a_i}(x) - \frac{q_{b_i} - q_{a_i}}{b_i - a_i}(x - b_i) u_{b_i}(x) \right] +$$

$$\sum_j p_j \delta(x - c_j)$$

(3-16)

$$M(0) = 0, \quad \left. \frac{\mathrm{d}M}{\mathrm{d}x} \right|_{x=0} = 0$$

(3-17)

采用拉普拉斯正反变换进行求解,得到预制薄板内力的通用方程为:

$$-M(x) = \sum_i \frac{q_{a_i}}{2!} u_{a_i}(x)(x-a_i)^2 - \sum_i \frac{q_{b_i}}{2!} u_{b_i}(x)(x-b_i)^2 +$$

$$\sum_i \frac{q_{b_i}-q_{a_i}}{3!\,(b_i-a_i)} u_{a_i}(x)(x-a_i)^3 -$$

$$\sum_i \frac{q_{b_i}-q_{a_i}}{3!\,(b_i-a_i)} u_{b_i}(x)(x-b_i)^3 + \sum_j p_j u_{c_j}(x)(x-c_j) \tag{3-18}$$

(2)预制薄板变形的通用方程

一般情况下,预制薄板弹性小变形挠曲线可由下式求得:

$$\frac{\mathrm{d}^2 y(x)}{\mathrm{d}x^2} = -\frac{M(x)}{D(x)} \tag{3-19}$$

将式(3-2)、式(3-18)代入式(3-19)得到预制薄板变形的通用方程为:

$$\frac{\mathrm{d}^2 y(x)}{\mathrm{d}x^2} = \frac{1}{D_1}\Bigg[\sum_i \frac{q_{a_i}}{2!} u_{a_i}(x)(x-a_i)^2 - \sum_i \frac{q_{b_i}}{2!} u_{b_i}(x)(x-b_i)^2 +$$

$$\sum_i \frac{q_{b_i}-q_{a_i}}{3!\,(b_i-a_i)} u_{a_i}(x)(x-a_i)^3 - \sum_i \frac{q_{b_i}-q_{a_i}}{3!\,(b_i-a_i)} u_{b_i}(x)(x-b_i)^3 +$$

$$\sum_j p_j u_{c_j}(x)(x-c_j)\Bigg]\Bigg[1 + \sum_{r=2}^{2n+3}(\beta_r-\beta_{r-1})u_{d_r}(x)\Bigg] \tag{3-20}$$

在预制薄板两端简支,采用均布荷载进行加载时,有:$a_i=0$,$b_i=l$,$q_{a_i}=q_{b_i}=q$,$p_1=p_2=-ql/2$。将其代入方程式(3-20),采用拉普拉斯正反变换求解得到均布荷载作用下两端简支预制薄板弯曲挠度的通用公式为:

$$y(x) = y_0 + \theta_0 x + y_q(x) + y_p(x) \tag{3-21}$$

式中,y_0、θ_0 为左端支座截面($x=0$)的挠度和转角,$y_q(x)$、$y_p(x)$ 分别为均布荷载、集中荷载单独作用下不考虑初始值的变形。其具体表达式如下:

$$y_q(x) = \frac{q}{24D_1}\Bigg\{x^4 + \sum_{r=2}^{2n+3}(\beta_r-\beta_{r-1})u_{d_r}(x)(x-d_r)^2\big[(x+d_r)^2+2d_r^2\big]\Bigg\}$$

$$\tag{3-22}$$

$$y_p(x) = -\frac{ql}{12D_1}\Bigg[x^3 + \sum_{r=2}^{2n+3}(\beta_r-\beta_{r-1})u_{d_r}(x)(x+2d_r)(x-d_r)^2\Bigg] \tag{3-23}$$

当 $x=0$,由式(3-22)、式(3-23)分别得:

$$y_q(0)=0,\; y_p(0)=0 \tag{3-24}$$

将式(3-24)代入式(3-21),由 $y(0)=0$ 推出:

$$y_0=0 \tag{3-25}$$

当 $x=l$,由式(3-22)、式(3-23)分别得:

$$y_q(l) = \frac{q}{24D_1}\Bigg\{l^4 + \sum_{r=2}^{2n+3}(\beta_r-\beta_{r-1})(l-d_r)^2\big[(l+d_r)^2+2d_r^2\big]\Bigg\} \tag{3-26}$$

$$y_p(l) = -\frac{ql}{12D_1}\Bigg[l^3 + \sum_{r=2}^{2n+3}(\beta_r-\beta_{r-1})(l+2d_r)(l-d_r)^2\Bigg] \tag{3-27}$$

将式(3-26)、式(3-27)代入式(3-21),由 $y(l)=0$ 推出:

$$\theta_0 = \frac{q}{24 D_1 l}\left[l^4 + \sum_{r=2}^{2n+3}(\beta_r - \beta_{r-1})(l - d_r)^3(l + 3d_r)\right] \tag{3-28}$$

当 $x = l/2$,由式(3-22)、式(3-23)分别得:

$$y_q\left(\frac{l}{2}\right) = \frac{5ql^4}{384 D_1}\left\{\frac{1}{5} + \frac{16}{5}\sum_{r=2}^{2n+3}(\beta_r - \beta_{r-1})u_{d_r}\left(\frac{l}{2}\right)\left(\frac{1}{2} - \frac{d_r}{l}\right)^2\left[\left(\frac{1}{2} + \frac{d_r}{l}\right)^2 + 2\left(\frac{d_r}{l}\right)^2\right]\right\}$$

$$\tag{3-29}$$

$$y_p\left(\frac{l}{2}\right) = -\frac{5ql^4}{384 D_1}\left[\frac{4}{5} + \frac{32}{5}\sum_{r=2}^{2n+3}(\beta_r - \beta_{r-1})u_{d_r}\left(\frac{l}{2}\right)\left(\frac{1}{2} + \frac{2d_r}{l}\right)\left(\frac{1}{2} - \frac{d_r}{l}\right)^2\right] \tag{3-30}$$

当 $x = l/2$,将式(3-25)、式(3-28)、式(3-29)及式(3-30)代入式(3-21),得预制薄板跨中挠度为:

$$y\left(\frac{l}{2}\right) = \frac{5ql^4}{384 D_1}\left\{1 + \sum_{r=2}^{2n+3}\frac{8}{5}(\beta_r - \beta_{r-1})\left[\left(1 - \frac{d_r}{l}\right)^3\left(1 + \frac{3d_r}{l}\right) + 2u_{d_r}\left(\frac{l}{2}\right)\left(\frac{1}{2} - \frac{d_r}{l}\right)^2\right.\right.$$
$$\left.\left.\left(\left(\frac{1}{2} + \frac{d_r}{l}\right)^2 + 2\left(\frac{d_r}{l}\right)^2\right) - 4u_{d_r}\left(\frac{l}{2}\right)\left(\frac{1}{2} + \frac{2d_r}{l}\right)\left(\frac{1}{2} - \frac{d_r}{l}\right)^2\right]\right\} \tag{3-31}$$

令

$$\lambda_2 = \left\{1 + \sum_{r=2}^{2n+3}\frac{8}{5}(\beta_r - \beta_{r-1})\left[\left(1 - \frac{d_r}{l}\right)^3\left(1 + \frac{3d_r}{l}\right) + 2u_{d_r}\left(\frac{l}{2}\right)\left(\frac{1}{2} - \frac{d_r}{l}\right)^2\left(\left(\frac{1}{2} + \frac{d_r}{l}\right)^2\right.\right.\right.$$
$$\left.\left.\left. + 2\left(\frac{d_r}{l}\right)^2\right) - 4u_{d_r}\left(\frac{l}{2}\right)\left(\frac{1}{2} + \frac{2d_r}{l}\right)\left(\frac{1}{2} - \frac{d_r}{l}\right)^2\right]\right\}^{-1} \tag{3-32}$$

将式(3-32)代入式(3-31)有:

$$y\left(\frac{l}{2}\right) = \frac{5ql^4}{384\lambda_2 D_1} \tag{3-33}$$

定义 $D_{e2} = \lambda_2 D_1$,D_{e2}、λ_2 分别为均布荷载作用下两端简支预制薄板等效刚度、等效刚度系数,则有:

$$y\left(\frac{l}{2}\right) = \frac{5ql^4}{384 D_{e2}} \tag{3-34}$$

3.2.3　预制带肋薄板刚度理论分析结果与试验结果的对比

依据《混凝土结构设计规范》(GB 50010—2010),对于要求不出现裂缝的预应力混凝土受弯构件短期刚度取 $0.85E_c I_0$。式中,$E_c I_0$ 为预制构件理论弹性刚度,0.85 为理论弹性刚度的折减系数,E_c 为预制构件混凝土弹性模量,I_0 为换算截面惯性矩。

由于预制薄板肋上孔洞及肋端缺口的存在,所以其截面刚度呈阶梯形变化。实际工程中若不考虑肋上孔洞及肋端缺口对板件刚度的影响,则计算出的预制薄板的刚度偏大,其计算模型与实际受力情况不符。为此,本节考虑了肋上孔洞及肋端缺口对预制薄板刚度的影响。根据式(3-34),利用曼莱伯软件(Matlab 7.1)编制了程序进行了计算。为了验证式(3-34)计算公式的准确性,将试件跨中荷载-挠度曲线的计算结果与试验结果进行了对比,如图 3-8～图 3-13 所示。当预制薄板开裂前,试件基本处于弹性变形阶段,试件的荷载-挠度曲线近似呈直线关系。但按 D_e 计算的跨中挠度小于试验值。由此可见预制薄板开裂前的刚度 D_e 是板件刚度的上限值。实际工程设计时应对 D_e 取一定的折减系数。本章按 $0.85 D_e$ 计算的跨中挠度稍大于试验值,且与试验结果较为接近。当预制薄板板底出现

第一条裂缝时,其跨中荷载-挠度曲线即出现明显转折点。随着荷载加大,板底裂缝增多,预制薄板刚度逐渐减小。按式(3-34)计算的跨中挠度与试验结果偏离逐渐增大。因此,对于开裂前的预制薄板,取 $0.85D_e$ 作为弹性刚度是偏安全的,可用于工程设计。本章对矩肋与 T 形肋底板叠合板的刚度折减系数进行了探讨。对于其他类型板肋预制构件的刚度折减系数,应进行专门的试验研究,对其刚度折减系数取值进行探讨。

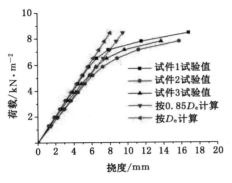

图 3-8 2 700 mm 试件跨中载荷与挠度关系曲线

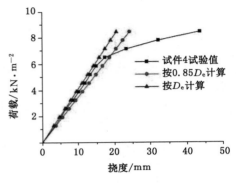

图 3-9 3 820 mm 试件跨中载荷与挠度关系曲线

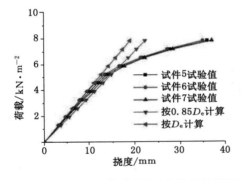

图 3-10 4 200 mm 试件跨中载荷与挠度关系曲线

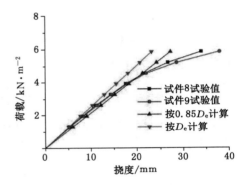

图 3-11 4 800 mm 试件跨中载荷与挠度关系曲线

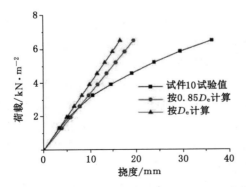

图 3-12 5 020 mm 试件跨中载荷与挠度关系曲线

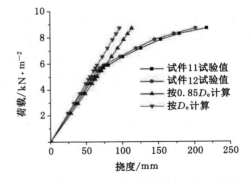

图 3-13 9 000 mm 试件跨中载荷与挠度关系曲线

3.2.4　肋上开孔对预制带肋薄板施工阶段挠度计算方法的影响研究

预制薄板施工阶段的受力性能与肋上孔洞分布及肋端缺口尺寸相关。为便于工业化生产及现场拼装预制薄板,需要对预制薄板进行规格设计。根据第 3.2.2 节已给出的考虑肋上孔洞分布及肋端缺口尺寸的预应力、均布荷载作用下两端简支预制薄板的等效刚度公式,借助 Matlab 7.1,对比分析了 5 种肋上孔洞分布形式预制薄板的跨中预应力反拱度、自重余拱以及施工阶段的跨中挠度。

3.2.4.1　预制薄板规格设计

为便于工业化生产预制薄板和施工现场拼装楼板,将预制薄板(见图 3-1)作为产业化的产品,进行标准化、定型化。对其采用 1 种截面、2 种标志宽度、13 种标志跨度。预制薄板的截面形式如图 3-14 所示。两种标志宽度为 400 mm 与 500 mm。预制薄板几何参数如表 3-3 与表 3-4 所示。混凝土设计强度为 C50。

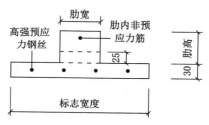

图 3-14　预制薄板的截面形式

预应力筋受拉截面中心距板底 17.5 mm,其张拉控制应力 $\sigma_{con} = 0.6 f_{ptk}$。矩形肋内普通钢筋截面重心到上边缘距离为 20 mm。钢筋配置情况及力学性能如表 3-5 所示。预制薄板底板厚度为 30 mm,肋端缺口长度为 40 mm。

表 3-3　400 mm 宽预制薄板几何参数　　　　　　　　　　　　单位:mm

长度	2 400	2 700	3 000	3 300	3 600	3 900	4 200	4 500	4 800	5 100	5 400	5 700	6 000
肋高	55	55	55	55	55	65	65	75	75	85	85	95	95
肋宽	80	80	80	80	100	100	110	110	120	120	120	120	130
总厚	110	110	110	110	110	120	120	130	130	140	140	150	150

表 3-4　500 mm 宽预制薄板几何参数　　　　　　　　　　　　单位:mm

长度	2 400	2 700	3 000	3 300	3 600	3 900	4 200	4 500	4 800	5 100	5 400	5 700	6 000
肋高	55	55	55	55	55	65	65	75	75	85	85	95	95
肋宽	100	100	100	100	120	120	130	130	140	140	150	150	150
总厚	110	110	110	110	110	120	120	130	130	140	140	150	150

表 3-5　钢筋配置情况及力学性能

钢筋类别	标志跨度/mm	钢筋设计	设计强度/MPa	弹性模量/MPa
高强预应力螺旋肋钢丝	2 400～3 600	4 Φ^H4.8	1 470	2.05×10⁵
	3 900～4 200	5 Φ^H4.8		
	4 500～4 800	6 Φ^H4.8		
	5 100～5 400	8 Φ^H4.8		
	5 700～6 000	10 Φ^H4.8		
非预应力钢筋	2 400～4 800	1 Φ6	10	2.0×10⁵
	5 100～6 000	2 Φ6		

3.2.4.2 肋上开孔影响分析

从预应力筋放张到预制薄板堆放,再到施工阶段安装预制薄板和预制薄板承受施工荷载,预制薄板变形基本处于弹性变形阶段,因此在此不做预制薄板的非线性分析。为了能清楚肋上开孔对施工阶段预制薄板变形性能的影响,对孔洞截面尺寸分别取 80 mm× 25 mm、110 mm×25 mm、180 mm×25 mm、肋上无孔及肋上通孔 5 种情况。根据式(3-11)及式(3-34),借助 Matlab 7.1 编制计算机程序,计算和分析 5 种不同肋上孔洞分布形式预制薄板跨中预应力反拱度、自重余拱以及施工阶段的跨中挠度。400 mm、500 mm 宽预制薄板跨中变形计算结果如表 3-6、表 3-7 所示。其中,施工阶段的荷载取预制薄板自重和现浇混凝土层重量再加上 1 kN/m² 的施工载荷。

表 3-6　400 mm 宽预制薄板跨中变形　　　　　　　　　单位:mm

板件长度	荷载阶段	肋上无孔	80×25	110×25	180×25	肋上通孔
2 400	反拱度	−1.306	−1.197	−1.180	−1.150	−1.080
	自重余拱	−0.658	−0.552	−0.535	−0.510	−0.438
	施工挠度	1.087	1.307	1.342	1.400	1.547
2 700	反拱度	−1.654	−1.518	−1.492	−1.457	−1.362
	自重余拱	−0.615	−0.482	−0.462	−0.431	−0.340
	施工挠度	2.179	2.492	2.549	2.629	2.848
3 000	反拱度	−2.043	−1.874	−1.844	−1.800	−1.685
	自重余拱	−0.458	−0.297	−0.271	−0.235	−0.123
	施工挠度	3.798	4.238	4.314	4.425	4.730
3 300	反拱度	−2.473	−2.267	−2.230	−2.179	−2.034
	自重余拱	−0.151	0.040	0.068	0.114	0.241
	施工挠度	6.079	6.682	6.787	6.937	7.361
3 600	反拱度	−3.089	−2.870	−2.833	−2.779	−2.627
	自重余拱	−0.075	0.076	0.102	0.133	0.240
	施工挠度	7.316	7.960	8.067	8.226	8.677
3 900	反拱度	−4.218	−4.045	−4.016	−3.973	−3.852
	自重余拱	−1.083	−1.038	−1.034	−1.018	−0.992
	施工挠度	6.707	7.084	7.147	7.241	7.506
4 200	反拱度	−4.933	−4.752	−4.721	−4.676	−4.548
	自重余拱	−0.836	−0.839	−0.844	−0.846	−0.847
	施工挠度	8.857	9.270	9.340	9.442	9.734
4 500	反拱度	−6.213	−6.097	−6.077	−6.048	−5.966
	自重余拱	−1.992	−2.093	−2.119	−2.133	−2.215
	施工挠度	8.066	8.286	8.324	8.378	8.534
4 800	反拱度	−7.080	−6.972	−6.954	−6.927	−6.851
	自重余拱	−1.725	−1.918	−1.950	−1.990	−2.124
	施工挠度	10.386	10.606	10.643	10.697	10.852

表 3-6(续)

板件长度	荷载阶段	肋上无孔	80×25	110×25	180×25	肋上通孔
5 100	反拱度	−9.622	−9.598	−9.594	−9.588	−9.571
	自重余拱	−4.140	−4.428	−4.480	−4.558	−4.746
	施工挠度	8.287	8.366	8.380	8.400	8.456
5 400	反拱度	−10.789	−10.762	−10.757	−10.750	−10.731
	自重余拱	−3.896	−4.252	−4.318	−4.423	−4.651
	施工挠度	11.720	11.817	11.833	11.858	11.926
5 700	反拱度	−13.585	−13.682	−13.698	−13.722	−13.791
	自重余拱	−6.566	−7.041	−7.133	−7.253	−7.584
	施工挠度	9.368	9.327	9.320	9.310	9.281
6 000	反拱度	−14.971	−15.130	−15.157	−15.197	−15.309
	自重余拱	−6.446	−7.087	−7.194	−7.363	−7.792
	施工挠度	11.817	11.733	11.719	11.698	11.639

表 3-7　500 mm 宽预制薄板跨中变形　　　　单位:mm

板件长度	荷载阶段	肋上无孔	80×25	110×25	180×25	肋上通孔
2 400	反拱度	−1.050	−0.963	−0.949	−0.925	−0.869
	自重余拱	−0.401	−0.318	−0.304	−0.285	−0.227
	施工挠度	1.345	1.542	1.575	1.627	1.759
2 700	反拱度	−1.330	−1.221	−1.200	−1.171	−1.096
	自重余拱	−0.290	−0.185	−0.170	−0.144	−0.074
	施工挠度	2.505	2.791	2.843	2.917	3.116
3 000	反拱度	−1.643	−1.507	−1.483	−1.448	−1.355
	自重余拱	−0.057	0.071	0.091	0.118	0.208
	施工挠度	4.202	4.609	4.679	4.780	5.063
3 300	反拱度	−1.988	−1.823	−1.793	−1.752	−1.636
	自重余拱	0.336	0.486	0.507	0.542	0.640
	施工挠度	6.570	7.131	7.229	7.368	7.763
3 600	反拱度	−2.465	−2.284	−2.255	−2.210	−2.085
	自重余拱	0.597	0.717	0.736	0.760	0.845
	施工挠度	8.239	8.867	8.970	9.126	9.565
3 900	反拱度	−3.380	−3.237	−3.213	−3.178	−3.077
	自重余拱	−0.198	−0.178	−0.178	−0.169	−0.159
	施工挠度	7.865	8.225	8.285	8.375	8.629
4 200	反拱度	−3.952	−3.799	−3.772	−3.734	−3.626
	自重余拱	0.221	0.199	0.192	0.185	0.170
	施工挠度	10.381	10.789	10.859	10.960	11.248

表 3-7（续）

板件长度	荷载阶段	肋上无孔	80×25	110×25	180×25	肋上通孔
4 500	反拱度	−4.998	−4.895	−4.877	−4.852	−4.779
	自重余拱	−0.705	−0.813	−0.839	−0.856	−0.942
	施工挠度	9.848	10.067	10.105	10.159	10.314
4 800	反拱度	−5.699	−5.598	−5.581	−5.556	−5.485
	自重余拱	−0.246	−0.435	−0.466	−0.505	−0.637
	施工挠度	12.605	12.834	12.873	12.929	13.091
5 100	反拱度	−7.783	−7.745	−7.739	−7.729	−7.702
	自重余拱	−2.209	−2.475	−2.523	−2.595	−2.768
	施工挠度	10.997	11.096	11.112	11.138	11.208
5 400	反拱度	−8.711	−8.693	−8.690	−8.685	−8.673
	自重余拱	−1.797	−2.163	−2.232	−2.339	−2.575
	施工挠度	13.866	13.953	13.968	13.990	14.051
5 700	反拱度	−10.992	−11.076	−11.091	−11.111	−11.171
	自重余拱	−3.945	−4.409	−4.499	−4.616	−4.939
	施工挠度	12.053	12.026	12.020	12.014	11.995
6 000	反拱度	−12.180	−12.274	−12.290	−12.313	−12.379
	自重余拱	−3.526	−4.091	−4.186	−4.334	−4.710
	施工挠度	16.112	16.088	16.084	16.078	16.062

（1）预应力反拱度分析

预制薄板反拱度过大或不均匀将导致两大问题：一是铺板后预制薄板板底不平；二是后浇混凝土的标高难以控制，预制薄板板肋跨中比端部高，不能被后浇混凝土有效包住，影响整个构件的整体性。针对以上两大问题，主要采取三种解决方案：一是控制预应力施加大小；二是通过在肋上设孔洞；三是在矩形肋内增设构造钢筋。本章进行了 2 种板宽、13 种板长、共 130 个模型的跨中挠度计算分析。当板件长度小于 3 600 mm 时，预制薄板跨中预应力反拱度小于 3.089 mm；当板件长度为 6 000 mm 时，预制薄板跨中预应力反拱度取得最大值 15.309 mm。当板件长度小于 5 400 mm 时，预制薄板跨中预应力反拱度随着肋上孔洞截面尺寸增大而逐渐减小，肋上开孔能减小预应力反拱度；当板件长度小于 3 600 mm 时，肋上孔洞截面尺寸对预制薄板跨中预应力反拱度影响明显；当板件长度大于 5 400 mm 时，预制薄板跨中预应力反拱度随着肋上孔洞截面尺寸增大而逐渐增大，肋上开孔不利于减小预应力反拱度，但影响较小。表 3-8、表 3-9 分别给出了 80 mm×25 mm、110 mm×25 mm、180 mm×25 mm 三种孔洞形式按无孔模型与通孔模型计算跨预制薄板中预应力反拱度的计算误差。其计算误差随着板件长度的增大而逐渐减小。当板件长度小于 3 600 mm 时，其计算误差较大；当板件长度大于 4 200 mm 时，其计算误差小于 5%。

表 3-8　400 mm 宽预制薄板跨中变形计算误差　　　　单位：%

板件长度 /mm	荷载阶段	80 mm×25 mm		110 mm×25 mm		180 mm×25 mm	
		无孔模型	通孔模型	无孔模型	通孔模型	无孔模型	通孔模型
2 400	反拱度	10.7	−9.8	10.7	−8.5	13.6	−6.1
	施工挠度	−19.0	18.4	−19.0	4.2	−22.4	10.5
2 700	反拱度	10.9	−10.3	10.9	−8.7	13.5	−6.5
	施工挠度	−14.5	14.3	−14.5	4.2	−17.1	8.3
3 000	反拱度	10.8	−10.1	10.8	−8.6	13.5	−6.4
	施工挠度	−12.0	11.6	−12.0	4.2	−14.2	6.9
3 300	反拱度	10.9	−10.3	10.9	−8.8	13.5	−6.7
	施工挠度	−10.4	10.2	−10.4	4.2	−12.4	6.1
3 600	反拱度	9.0	−8.5	9.0	−7.3	11.2	−5.5
	施工挠度	−9.3	9.0	−9.3	3.7	−11.1	5.5
3 900	反拱度	5.0	−4.8	5.0	−4.1	6.2	−3.0
	施工挠度	−6.2	6.0	−6.2	1.7	−7.4	3.7
4 200	反拱度	4.5	−4.3	4.5	−3.7	5.5	−2.7
	施工挠度	−5.2	5.0	−5.2	1.6	−6.2	3.1
4 500	反拱度	2.2	−2.1	2.2	−1.8	2.7	−1.4
	施工挠度	−3.1	3.0	−3.1	0.7	−3.7	1.9
4 800	反拱度	1.8	−1.7	1.8	−1.5	2.2	−1.1
	施工挠度	−2.4	2.3	−2.4	0.6	−2.9	1.4
5 100	反拱度	0.3	−0.3	0.3	−0.2	0.4	−0.2
	施工挠度	−1.1	1.1	−1.1	0.3	−1.3	0.7
5 400	反拱度	0.3	−0.3	0.3	−0.2	0.4	−0.2
	施工挠度	−1.0	0.9	−1.0	0.3	−1.2	0.6
5 700	反拱度	−0.8	0.8	−0.8	0.7	−1.0	0.5
	施工挠度	0.5	−0.5	0.5	0.2	0.6	−0.3
6 000	反拱度	−1.2	1.2	−1.2	1.0	−1.5	0.7
	施工挠度	0.8	−0.8	0.8	0.3	1.0	−0.5

表 3-9　500 mm 宽预制薄板跨中变形计算误差　　　　单位：%

板件长度 /mm	荷载阶段	80 mm×25 mm		110 mm×25 mm		180 mm×25 mm	
		无孔模型	通孔模型	无孔模型	通孔模型	无孔模型	通孔模型
2 400	反拱度	10.6	−9.8	10.6	−8.4	13.5	−6.1
	施工挠度	−14.6	14.1	−14.6	4.1	−17.3	8.1

表 3-9(续)

板件长度 /mm	荷载阶段	80 mm×25 mm		110 mm×25 mm		180 mm×25 mm	
		无孔模型	通孔模型	无孔模型	通孔模型	无孔模型	通孔模型
2 700	反拱度	10.8	−10.2	10.8	−8.7	13.6	−6.4
	施工挠度	−11.9	11.6	−11.9	4.2	−14.1	6.8
3 000	反拱度	10.8	−10.1	10.8	−8.6	13.5	−6.4
	施工挠度	−10.2	9.9	−10.2	4.2	−12.1	5.9
3 300	反拱度	10.9	−10.3	10.9	−8.8	13.5	−6.6
	施工挠度	−9.1	8.9	−9.1	4.2	−10.8	5.4
3 600	反拱度	9.3	−8.7	9.3	−7.5	11.5	−5.7
	施工挠度	−8.1	7.9	−8.1	3.8	−9.7	4.8
3 900	反拱度	5.2	−4.9	5.2	−4.2	6.4	−3.2
	施工挠度	−5.1	4.9	−5.1	1.8	−6.1	3.0
4 200	反拱度	4.8	−4.6	4.8	−3.9	5.8	−2.9
	施工挠度	−4.4	4.3	−4.4	1.7	−5.3	2.6
4 500	反拱度	2.5	−2.4	2.5	−2.0	3.0	−1.5
	施工挠度	−2.5	2.5	−2.5	0.7	−3.1	1.5
4 800	反拱度	2.1	−2.0	2.1	−1.7	2.6	−1.3
	施工挠度	−2.1	2.0	−2.1	0.7	−2.5	1.3
5 100	反拱度	0.6	−0.6	0.6	−0.5	0.7	−0.3
	施工挠度	−1.0	1.0	−1.0	0.3	−1.3	0.6
5 400	反拱度	0.2	−0.2	0.2	−0.2	0.3	−0.1
	施工挠度	−0.7	0.7	−0.7	0.3	−0.9	0.4
5 700	反拱度	−0.9	0.9	−0.9	0.7	−1.1	0.5
	施工挠度	0.3	−0.3	0.3	0.2	0.3	−0.2
6 000	反拱度	−0.9	0.9	−0.9	0.7	−1.1	0.5
	施工挠度	0.2	−0.2	0.2	0.2	0.2	−0.1

（2）自重余拱分析

根据表 3-6、表 3-7，预制薄板自重余拱随着肋上孔洞截面尺寸增大而减小。当板件长度小于 3 600 mm 时，预制薄板自重余拱不超过 0.845 mm。由此可见，通过控制张拉预应力、肋上增设孔洞与构造钢筋能有效地解决预制薄板反拱值过大和不均匀的问题，使其预应力反拱度与其自重作用下产生的挠度值大体相当。本章建议预制薄板预应力筋张拉控制系数不超过 0.6。

（3）施工阶段跨中挠度分析

对于采用肋上开孔及设有肋端缺口预制薄板的双向叠合板，现行国内外规范的刚度计算理论与设计方法不能被直接采用。目前在实际工程设计中主要采取简化计算的方法（即不考虑肋上孔洞及肋端缺口的影响，直接取无孔模型或通孔模型）进行预制薄板跨中挠度计算。表 3-8、表 3-9 给出了 80 mm×25 mm、110 mm×25 mm、180 mm×25 mm 三种孔洞形式分别按无孔模型与通孔模型计算施工阶段预制薄板跨中挠度的计算误差。其计算误差随着板件长度的增大而逐渐减小。当板件跨度小于 3 600 mm 时,其计算误差较大;当板件长度大于 4 500 mm 时,其计算误差小于 5%。

根据表 3-6～表 3-9,对于实际工程中普遍采用 110 mm×25 mm 孔洞的预制薄板,预制薄板跨中预应力反拱度取无孔模型与通孔模型计算跨中挠度的平均值,预制薄板跨中预应力反拱度计算误差随板件长度增大而逐渐减小,并且该误差不超过 1.1%。按通孔模型计算的预制薄板的自重余拱误差随板件长度增大而逐渐增大;当板件长度小于 3 300 mm 时,该误差小于 1%;当板件长度超过 3 600 mm 时,该误差小于 5.7%。按通孔模型计算的施工阶段预制薄板跨中挠度误差随板件长度增大而逐渐减小;当板件长度小于 4 200 mm 时,该误差小于 4.2%;当板件长度超过 4 500 mm 时,该误差小于 0.7%。

3.3　双向叠合板在第二阶段荷载作用下刚度研究

由于双向叠合板在构造上呈正交各向异性特征,所以其预应力方向(以下简称为强方向)刚度明显大于横向穿孔钢筋方向(以下简称为弱方向)刚度。在采用各向异性板设计方法进行使用阶段双向叠合板的配筋计算时,双向叠合板强、弱两个方向的荷载分配取决于其正交两个方向的刚度比。本节对双向叠合板强方向、弱方向的刚度问题做进一步探讨。

3.3.1　双向叠合板沿强方向的刚度研究

3.3.1.1　沿强方向的截面刚度分布

由于预制预应力薄板带肋且肋上设有孔洞,所以其截面刚度呈阶梯形变化。浇筑叠合层混凝土后,虽然叠合构件沿强方向的截面刚度不均匀急剧变化趋势得到了缓和,但是在实际工程设计中应该根据其结构本身特征及计算部位对其刚度做认真研究。图 3-15 给出了使用阶段叠合构件沿强方向的不均匀刚度分布。由于下部预制带肋薄板混凝土强度远高于叠合层混凝土强度,所以从图 3-15 上很容易推出:① 跨中位置 1-1 截面刚度大于 2-2 截面刚度;② 支座位置 3-3 截面刚度大于 4-4 截面刚度。在进行内力分配或配筋设计时,一般根据最小刚度原则或最大挠度处刚度取值原则,跨中位置宜取 2-2 截面刚度(即预留孔洞处的叠合构件截面刚度),支座位置宜取 4-4 截面刚度(即肋端缺口处的叠合构件截面刚度)。

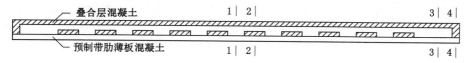

图 3-15　叠合构件沿强方向的不均匀刚度分布

3.3.1.2　沿强方向的短期刚度计算

（1）跨中位置

跨中位置截面的短期刚度计算应根据施工阶段支撑设置情况分别考虑。

① 对于施工阶段不加支撑的情况,双向叠合板沿强方向在第二阶段荷载作用下跨中位置的刚度按一般不允许出现裂缝的预应力叠合构件考虑。其短期刚度可按下式计算:

$$B_{s2} = 0.7E_{c1}I_0 \tag{3-35}$$

② 对于施工阶段设有可靠支撑的情况,双向叠合板沿强方向在第二阶段荷载作用下跨中位置的刚度按一般不允许出现裂缝的预应力叠合构件考虑。其短期刚度可按下式计算:

$$B_{s2} = 0.85E_{c1}I_0 \tag{3-36}$$

式中,I_0 为叠合构件换算截面的惯性矩(此时叠合层的混凝土截面面积应按弹性模量比换算成预制带肋薄板混凝土的截面面积);E_{c1} 为预制带肋薄板混凝土弹性模量。

(2)支座位置

双向叠合板沿强方向在第二阶段荷载作用下支座位置的刚度一般按钢筋混凝土受弯构件考虑。其短期刚度可按下式计算:

$$B_{s2} = \frac{E_s A_s h_0^2}{1.15\psi + 0.2 + \dfrac{6\alpha_E \rho}{1 + 3.5\gamma'_f}} \tag{3-37}$$

式中,E_s、A_s 为支座截面叠合构件上部受拉普通钢筋弹性模量与面积;h_0 为支座截面叠合构件有效高度;ψ 为裂缝间纵向受拉钢筋应变不均匀系数,对于光面钢筋取 0.7,对于带肋钢筋取 1.0;α_E 为支座截面普通钢筋弹性模量与受拉区混凝土弹性模量的比值;ρ 为支座截面上部受拉钢筋配筋率,取 $\rho = \dfrac{A_s}{bh_0}$;γ'_f 为支座截面受压翼缘截面面积与腹板有效截面面积的比值。

3.3.2 双向叠合板沿弱方向的刚度研究

3.3.2.1 沿弱方向的截面刚度分布

预制薄板带肋以及拼缝的存在,导致双向叠合板沿弱方向的截面刚度呈阶梯形急剧变化。图 3-16 给出了叠合构件沿弱方向的不均匀阶梯形刚度分布。由于下部预制带肋薄板混凝土强度远高于叠合层混凝土强度,所以从图 3-16 上很容易推出:① 跨中拼缝位置 1-1 截面刚度<跨中 2-2 截面刚度<跨中 3-3 截面刚度,② 支座位置 4-4 截面刚度>5-5 截面刚度。在进行内力分配或配筋设计时,一般根据最小刚度原则或最大挠度处刚度取值原则,跨中位置宜取 1-1 截面刚度(即拼缝处的叠合构件截面刚度),支座位置宜取 5-5 截面刚度(即非肋剖面处的叠合构件截面刚度)。

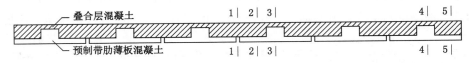

图 3-16　叠合构件沿弱方向的不均匀阶梯形刚度分布

3.3.2.2 沿弱方向的短期刚度计算

双向叠合板弱方向上允许开裂,可按普通钢筋混凝土受弯构件考虑。根据黄璐对弱方向拼接叠合板的试验研究结果,双向叠合板沿弱方向的短刚度计算分为下列两种情况。

① 开裂前弱方向的短期刚度可按下式计算:

$$B_{s2} = 0.85E_{c2}I \tag{3-38}$$

式中,I 为叠合构件弱方向截面惯性矩;E_{c2} 为叠合层混凝土弹性模量。

② 开裂后弱方向的短期刚度可按式(3-37)计算。

3.3.3　双向叠合板沿强方向、弱方向的理论弹性刚度比取值探讨

本节采用相关标准规定的预制带肋薄板规格尺寸进行双向叠合板强方向、弱方向的理论弹性刚度比值分析。其中,弱方向的横向穿孔钢筋按Φ8@200配置。不同宽度预制薄板跨中位置强方向、弱方向的理论弹性刚度比如表 3-10、表 3-11 所示。以下给出采用跨度2 400 mm、宽度 400 mm 规格预制带肋薄板的强方向、弱方向刚度比计算过程。

表 3-10　采用 400 mm 宽预制薄板的跨中位置强方向、弱方向弹性刚度比

预制带肋薄板规格 （长 mm×宽 mm）	板厚/mm	强方向弹性刚度/ （$\times 10^{12}$ N·mm^2）	弱方向弹性刚度/ （$\times 10^{12}$ N·mm^2）	强方向、弱方向的 弹性刚度比
2 400×400	110	3.725	1.336	2.79
2 700×400	110	3.725	1.336	2.79
3 000×400	110	3.725	1.336	2.79
3 300×400	110	3.725	1.336	2.79
3 600×400	110	4.625	1.336	3.46
3 900×400	120	4.889	1.895	2.58
4 200×400	120	4.912	1.895	2.59
4 500×400	130	6.259	2.592	2.41
4 800×400	130	6.289	2.592	2.43
5 100×400	140	7.890	3.440	2.29
5 400×400	140	7.890	3.440	2.29
5 700×400	150	9.744	4.456	2.19
6 000×400	150	9.793	4.456	2.20

表 3-11　采用 500 mm 宽预制薄板的跨中位置强方向、弱方向弹性刚度比

预制带肋薄板规格 （长 mm×宽 mm）	板厚/mm	强方向弹性刚度/ （$\times 10^{12}$ N·mm^2）	弱方向弹性刚度/ （$\times 10^{12}$ N·mm^2）	强方向、弱方向 弹性刚度比
2 400×500	110	4.643	1.336	3.48
2 700×500	110	4.643	1.336	3.48
3 000×500	110	4.643	1.336	3.48
3 300×500	110	4.643	1.336	3.48
3 600×500	110	4.677	1.336	3.50
3 900×500	120	6.083	1.895	3.21
4 200×500	120	6.106	1.895	3.22
4 500×500	130	7.776	2.592	3.00
4 800×500	130	7.806	2.592	3.01
5 100×500	140	9.783	3.440	2.84

表 3-11（续）

预制带肋薄板规格 （长 mm×宽 mm）	板厚/mm	强方向弹性刚度/ （×10¹² N·mm²）	弱方向弹性刚度/ （×10¹² N·mm²）	强方向、弱方向 弹性刚度比
5 400×500	140	9.822	3.440	2.86
5 700×500	150	12.119	4.456	2.72
6 000×500	150	12.119	4.456	2.72

（1）材料指标

① 预制带肋底板 $C50$ 混凝土性能参数

$$f_{ck1} = 32.4 \text{ N/mm}^2$$

$$f_{c1} = 23.1 \text{ N/mm}^2$$

$$f_{tk1} = 2.64 \text{ N/mm}^2$$

$$f_{t1} = 1.89 \text{ N/mm}^2$$

$$E_{c1} = 3.45 \times 10^4 \text{ N/mm}^2$$

$$\varepsilon_{cu1} = 0.003\,3$$

② 叠合层 $C30$ 混凝土性能参数

$$f_{ck1} = 20.1 \text{ N/mm}^2$$

$$f_{c1} = 14.3 \text{ N/mm}^2$$

$$f_{tk1} = 2.01 \text{ N/mm}^2$$

$$f_{t1} = 1.43 \text{ N/mm}^2$$

$$E_{c1} = 3.00 \times 10^4 \text{ N/mm}^2$$

$$\varepsilon_{cu1} = 0.003\,3$$

③ 强方向 1470 级 $\Phi^H 4.8$ 钢筋性能参数

$$f_{ptk} = 1\,470 \text{ N/mm}^2$$

$$f_{py} = 1\,110 \text{ N/mm}^2$$

$$E_p = 2.05 \times 10^5 \text{ N/mm}^2$$

④ 弱方向 HRB400 钢筋性能参数

$$f_y = 360 \text{ N/mm}^2$$

$$E_s = 2.0 \times 10^5 \text{ N/mm}^2$$

（2）跨中位置强方向截面的理论弹性刚度计算

预制薄板跨中位置强方向的截面参数按图 3-15 中所示的 2-2 截面考虑。图 3-15 中所示的 2-2 截面的参数如图 3-17 所示。

构件截面混凝土面积为：

$$A = 400 \times 110 = 44\,000 \text{（mm}^2\text{）}$$

预制构件截面混凝土面积为：

$$A_1 = 400 \times 30 + 80 \times (55 - 25) = 14\,400 \text{（mm}^2\text{）}$$

叠合层截面混凝土面积为：

$$A_2 = 44\,000 - 14\,400 = 29\,600 \text{（mm}^2\text{）}$$

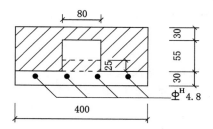

图 3-17　图 3-15 中所示的 2-2 截面的参数

构件截面混凝土对构件底边的静矩为：

$S_1 = 400 \times 30 \times 15 + 80 \times 30 \times (30 + 25 + (55 - 25) \div 2) + 2 \times 160 \times 80 \times$

$\quad (30 + 40) \times 0.87 + 80 \times 25 \times (30 + 25/2) \times 0.87 + 80 \times 25 \times (110 - 12.5) \times 0.87$

$\quad = 2\ 150\ 640\ (\text{mm}^3)$

预应力筋面积为：

$$A_p = \frac{\pi d^2}{4} \times 4 = \frac{3.14 \times 4.8^2}{4} \times 4 = 72.35\ (\text{mm}^2)$$

构件截面换算截面面积为：

$$\alpha_{E1} = \frac{E_p}{E_{c1}} = \frac{2.05 \times 10^5}{3.45 \times 10^4} = 5.94$$

$$\alpha_{E2} = \frac{E_{c2}}{E_{c1}} = \frac{3.00 \times 10^4}{3.45 \times 10^4} = 0.87$$

$A_{01} = A_1 + \alpha_{E2} A_2 + (\alpha_{E1} - 1) A_p = 14\ 400 + 0.87 \times 29\ 600 + (5.94 - 1) \times 72.35$

$\quad = 40\ 509.41\ (\text{mm}^2)$

换算截面对构件底边的静矩为：

$S_{01} = S_1 + S_{A_p} = 2\ 150\ 640 + (5.94 - 1) \times 72.35 \times 17.5 = 2\ 156\ 894.58\ (\text{mm}^3)$

换算截面重心至构件底边的距离为：

$$y_{01\text{下}} = \frac{S_{01}}{A_{01}} = \frac{2\ 156\ 894.58}{40\ 509.41} = 53.24\ (\text{mm})$$

预应力筋重心至换算截面重心的距离为：

$$e_{p01} = y_{01\text{下}} - a_p = 53.24 - 17.5 = 35.74\ (\text{mm})$$

换算截面对其重心的惯性矩为：

$I_{01} = \dfrac{400 \times 30^3}{12} + 400 \times 30 \times (53.24 - 15)^2 + \dfrac{80 \times 30^3}{12} + 80 \times 30 \times (70 - 53.24)^2 +$

$\quad 2 \times \left[\dfrac{320 \times 80^3}{12} + 320 \times 80 \times (70 - 53.24)^2 \right] \times 0.87 +$

$\quad \left[\dfrac{80 \times 25^3}{12} + 80 \times 25 \times (42.5 - 53.24)^2 \right] \times 0.87 +$

$\quad \left[\dfrac{80 \times 25^3}{12} + 80 \times 25 \times (97.5 - 53.24)^2 \right] \times 0.87 + 72.35 \times 35.74^2 \times (5.94 - 1)$

$\quad = 4.32 \times 10^7\ (\text{mm}^4)$

$\quad E_{c1} I_{01} = 3.45 \times 10^4\ \text{N/mm}^2 \times 4.32 \times 10^7\ \text{mm}^4 = 1.49 \times 10^{12}\ (\text{N} \cdot \text{mm}^2)$

强方向 1 m 宽度的理论弹性刚度为：

$$EI = \frac{1\ 000}{400} \times 1.49 \times 10^{12} = 3.725 \times 10^{12} \text{（N·mm}^2\text{）}$$

（3）跨中位置弱方向截面的理论弹性刚度计算

预制薄板跨中位置弱方向的截面参数按图 3-16 中所示的 1-1 截面考虑。

构件截面混凝土面积为：

$$A = 1\ 000 \times 80 = 80\ 000 \text{（mm}^2\text{）}$$

构件截面混凝土对构件底边的静矩为：

$$S_1 = 80\ 000 \times 40 = 3\ 200\ 000 \text{（mm}^3\text{）}$$

横向穿孔钢筋面积为：

$$A_s = \frac{\pi d^2}{4} \times 5 = \frac{3.14 \times 8^2}{4} \times 5 = 251.2 \text{（mm}^2\text{）}$$

构件截面换算截面面积为：

$$\alpha_{E1} = \frac{E_p}{E_{c1}} = \frac{2.05 \times 10^5}{3.00 \times 10^4} = 6.83$$

$$A_0 = A + (\alpha_{E1} - 1)A_s = 80\ 000 + (6.83 - 1) \times 251.2 = 81\ 465 \text{（mm}^2\text{）}$$

换算截面对构件底边的静矩为：

$$S_{01} = S_1 + S_{As} = 3\ 200\ 000 + (6.83 - 1) \times 251.2 \times 4 = 3\ 205\ 861 \text{（mm}^3\text{）}$$

换算截面重心至构件底边的距离为：

$$y_{01\text{下}} = \frac{S_{01}}{A_0} = \frac{3\ 205\ 861}{81\ 465} = 39.35 \text{（mm）}$$

横向穿孔钢筋重心至换算截面重心的距离为：

$$e_{s01} = y_{01\text{下}} - a_s = 39.35 - 4 = 35.35 \text{（mm）}$$

换算截面对其重心的惯性矩为：

$$I_{01} = \frac{400 \times 80^3}{12} + 400 \times 80 \times (39.35 - 40)^2 + 251.2 \times 35.35^2 \times (6.83 - 1)$$

$$= 4.453 \times 10^7 \text{（mm}^4\text{）}$$

$$E_{c2}I_{01} = 3.00 \times 10^4 \text{ N/mm}^2 \times 4.453 \times 10^7 \text{ mm}^4 = 1.336 \times 10^{12} \text{ N·mm}^2$$

（4）跨中位置强方向、弱方向截面的理论弹性刚度比

$$n = \frac{3.725 \times 10^{12} \text{ N·mm}^2}{1.336 \times 10^{12} \text{ N·mm}^2} = 2.79$$

（5）计算结果分析

通过表 3-10 与表 3-11 可以看出：由于预制构件存在构造问题，所以双向叠合板的正交两个方向刚度明显呈异性特征，这与第 2 章有限元分析结果统一。双向叠合板正交两个方向刚度异性的程度随着跨度的增大而不断减弱。若按本章双向叠合板设计，则双向叠合板强方向、弱方向的刚度比一般在 2.2～3.5 之间。采用 500 mm 宽规格预制构件的双向叠合板的刚度异性比采用 400 mm 宽规格预制构件的双向叠合板的刚度更为明显。由此可见，双向叠合板跨中位置正交两个方向的刚度比并不是一个定值。在采用正交各向异性板原理进行双向叠合板的结构设计时，双向叠合板正交方向的刚度比应根据实际情况进行计算，不能笼统地取为定值。本节对双向叠合板强方向、弱方向的理论弹性刚度比值进行探讨时，针

对的是双向叠合板弱方向上尚未开裂前的情况。开裂后双向叠合板弱方向上的刚度不能按本节计算方法进行设计,这时双向叠合板强方向上的刚度应按一般不允许出现开裂的预应力叠合构件考虑,可按公式(3-36)计算;双向叠合板弱方向上则允许出现裂缝,双向叠合板弱方向的刚度可按公式(3-37)计算。

3.4　本章小结

(1) 式(3-11)、式(3-34)可计算任意肋上孔洞分布及肋端缺口尺寸预应力、均布荷载作用下两端简支预制薄板的跨中挠度。考虑肋上孔洞分布及肋端缺口尺寸预应力,均布荷载作用下两端简支预制薄板的等效刚度系数可分别按式(3-9)、式(3-32)进行计算。

(2) 肋上开孔对预制薄板跨中预应力反拱度、自重余拱及施工阶段的跨中挠度影响明显;且随着板件长度增大,其影响逐渐减弱。当板件长度小于 5 700 mm 时,预制薄板跨中预应力反拱度随着肋上孔洞截面尺寸增大而减小;当板件长度超过 5 700 mm 时,其随着肋上孔洞截面尺寸增大而增大。预制薄板自重余拱、施工阶段的跨中挠度随着肋上孔洞截面尺寸的增大而增大。

(3) 对于采用 110 mm×25 mm 孔洞的预制薄板,在实际工程设计中建议其跨中预应力反拱度取无孔模型与通孔模型计算跨中挠度的平均值;其自重余拱、施工阶段的跨中挠度,建议按通孔模型的计算。

(4) 若不考虑预制薄板肋上孔洞及肋端缺口对板件刚度的影响,则计算的板件刚度偏大,板件刚度计算结果不符合这种新型薄板的实际受力情况。若考虑肋上孔洞分布及肋端缺口对预制薄板刚度的影响,则板件刚度计算精度明显提高,其计算结果与试验值吻合较好,可供工程设计参考。

(5) 对于要求不出现裂缝的均布荷载作用下两端简支预制薄板的短期弯曲刚度计算,本章建议取 $0.85D_e$ 进行实际工程设计;通过引入预制薄板等效刚度 D_e,建立了与相关规范统一的弹性刚度形式。

(6) 本章关于双向叠合板刚度各向异性问题的分析与第 2 章有限元分析结果统一。在一定跨度范围内,双向叠合板呈正交构造各向异性特征。双向叠合板可依据正交各向异性板原理按双向板进行设计。

第4章　双向叠合板弹性计算方法研究

4.1　概　　述

国家现行标准《预制带肋底板混凝土叠合楼板技术规程》(JGJ/T 258—2011)中所采用的预制带肋底板是单向预应力的。板肋能加强与其平行方向的刚度,而拼缝却削弱了与其垂直方向的刚度。因此,与预制带肋底板板肋平行方向(强方向)的刚度大于与预制带肋底板板肋垂直方向(弱方向)的刚度,双向叠合板呈正交构造异性板特征。因此,双向叠合板弹性设计时不能直接沿用钢筋混凝土现浇板的弹性计算系数,必须重新计算钢筋混凝土现浇板的弹性系数。

对于薄板的弹性计算,求解线性弯曲问题是一个重要的基础工作。针对这一问题,国内外许多学者做了大量的研究工作。铁摩辛柯和沃诺斯基给出了在不同边界条件、载荷情况下不同形状的各向同性板的弯曲问题的求解方法。列赫尼茨基给出了不同形状的各向异性板在不同边界条件和荷载情况下的弯曲问题的求解方法。徐芝纶也对各向同性板和各向异性板的弹性计算问题进行了论述。本书讨论的双向叠合板属于正交各向异性薄板,按弹性理论计算双向叠合板时,可采用经典的纳维法、列维法(即采用重三角级数法、单三角级数法)来求解双向叠合板的挠曲面基本微分方程,并依据正交方向的刚度比、跨度比来推导其挠度及弯矩计算系数。重三角级数法的优点是适用于各种荷载,且计算比较简单。重三角级数法的缺点包括:① 只适用于四边简支的矩形薄板,且简支边不能作用力矩荷载,也不能存在因沉陷引起的挠度;② 级数解收敛很慢,计算内力时一般需要计算很多项才能满足所需精度。单三角级数方法适用于各种边界条件的情况,且级数收敛较快。因此,本书采用单三角级数法求解常见边界条件下双向叠合板的挠度及内力。

4.2　双向叠合板挠曲面基本微分方程及内力表达式

双向叠合板属于正交各向异性板。均布荷载 $q(x,y)$ 作用下,双向叠合板的挠曲面基本微分方程如下:

$$D_x \frac{\partial^4 w}{\partial x^4} + 2B \frac{\partial^4 w}{\partial x^2 \partial y^2} + D_y \frac{\partial^4 w}{\partial y^4} = q(x,y) \tag{4-1}$$

双向叠合板横截面上的相应内力可由挠度 w 表示。其具体公式如下:

$$M_x = -D_x \left(\frac{\partial^2 w}{\partial x^2} + \mu_y \frac{\partial^2 w}{\partial y^2} \right) \tag{4-2}$$

$$M_y = -D_y \left(\frac{\partial^2 w}{\partial y^2} + \mu_x \frac{\partial^2 w}{\partial x^2} \right) \tag{4-3}$$

$$M_{xy} = M_{yx} = -2D_t \frac{\partial^2 w}{\partial x \partial y} \tag{4-4}$$

式中，w 为双向叠合板面内各点的挠度；D_x、D_y 分别为双向叠合板 x、y 方向的抗弯刚度，$D_x = \dfrac{B_x}{1-\mu_x^2}, D_y = \dfrac{B_y}{1-\mu_y^2}$；$B_x$、$B_y$ 分别为双向叠合板 x、y 方向单位板宽内的实际抗弯刚度；μ_x、μ_y 分别为双向叠合板 x、y 方向的泊松比，取 $\mu_x = \mu_y = \mu = 0.2$；$D_t$ 为双向叠合板的抗扭刚度，取 $D_t = \dfrac{1}{2}(1 - \sqrt{\mu_x \mu_y})\sqrt{D_x D_y}$；$B$ 为双向叠合板的综合抗扭刚度，采用胡柏公式，取 $B = \sqrt{D_x D_y}$；$q(x,y)$ 为垂直于双向叠合板面的均布荷载。

本书中，强方向单位板宽内的抗弯刚度按双向叠合板整板厚度计算，弱方向单位板宽内的抗弯刚度按现浇混凝土叠合层厚度计算。

4.3　四边简支双向叠合板挠度及内力表达式

4.3.1　四边简支双向叠合板挠度计算式

本节假定双向叠合板的弹性主向和边界平行，采用如图 4-1 所示的直角坐标系。其中，l_x、l_y 分别为四边简支双向叠合板 x、y 方向的跨度。

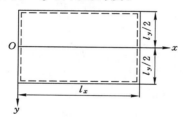

图 4-1　四边简支双向叠合板直角坐标系

采用经典的单三角级数法求解均布荷载作用下四边简支双向叠合板的挠度。

设四边简支双向叠合板挠度的表达式为：

$$w = \sum_{m=1}^{\infty} Y_m \sin \frac{m\pi x}{l_x} \tag{4-5}$$

式中，Y_m 为 y 的任意函数；m 为任意正整数。

将均布荷载 $q = q(x,y)$ 展为与式（4-5）相同形式的级数：

$$q = \sum_{m=1}^{\infty} C_m \sin \frac{m\pi x}{l_x} \tag{4-6}$$

由式（4-6）可得到：

$$C_m = \frac{2}{l_x} \int_0^{l_x} q \sin \frac{m\pi x}{l_x} \mathrm{d}x \tag{4-7}$$

将式（4-5）、式（4-6）、式（4-7）代入双向叠合板的挠曲面基本微分方程式（4-1）中，比较方程两边 $\sin \dfrac{m\pi x}{l_x}$ 项的系数，可得：

$$D_x \left(\frac{m\pi}{l_x}\right)^4 Y_m - 2B \left(\frac{m\pi}{l_x}\right)^2 \frac{d^2 Y_m}{dy^2} + D_y \frac{d^4 Y_m}{dy^4} = \frac{2}{l_x}\int_0^{l_x} q\sin\frac{m\pi x}{l_x}dx \qquad (4\text{-}8)$$

令 $r = \left(\frac{D_x}{D_y}\right)^{1/4}$，解式(4-8)，可得：

$$Y_m = (E_m + F_m y)\cos h\frac{m\pi r y}{l_x} + (G_m + H_m y)\sin h\frac{m\pi r y}{l_x} + f_m(y) \qquad (4\text{-}9)$$

式中，E_m，F_m，G_m，H_m 分别为待定系数；$f_m(y)$ 为非齐次方程的一个任意解。

由于对称，式(4-9)应该是 y 的偶函数。因此，F_m、G_m 均应为零。

特解 $f_m(y)$ 可取为：

$$f_m(y) = \frac{2q l_x^4}{D_x (m\pi)^5}(1 - \cos m\pi) \qquad (4\text{-}10)$$

将式(4-9)、式(4-10)代入式(4-5)，可得：

$$w = \sum_{m=1,3,5,\cdots}^{\infty}\left[E_m\cos h\frac{m\pi r y}{l_x} + H_m\sin h\frac{m\pi r y}{l_x} + \frac{2q l_x^4}{D_x (m\pi)^5}(1 - \cos m\pi)\right]\sin\frac{m\pi x}{l_x} \qquad (4\text{-}11)$$

四边简支双向叠合板的边界条件为：

$$(w)_{x=0,l_x} = 0 \ , \left(\frac{\partial^2 w}{\partial x^2}\right)_{x=0,l_x} = 0, \ (w)_{y=\pm l_y/2} = 0 \ , \ \left(\frac{\partial^2 w}{\partial y^2}\right)_{y=\pm l_y/2} = 0 \qquad (4\text{-}12)$$

将式(4-11)代入式(4-12)，令 $\alpha_m = \frac{m\pi r l_y}{2l_x}$，可得：

$$E_m = -\frac{2(2 + \alpha_m\tan h\alpha_m)q l_x^4}{D_x (m\pi)^5\cos h\alpha_m}, \ H_m = \frac{2q l_x^4}{D_x (m\pi)^5\cos h\alpha_m}; (m=1,3,5,\cdots) \qquad (4\text{-}13)$$

$$E_m = 0, \ H_m = 0; (m=2,4,6,\cdots) \qquad (4\text{-}14)$$

将式(4-13)代入式(4-11)，可得：

$$w = \frac{4q l_x^4}{\pi^5 D_x}\sum_{m=1,3,5,\cdots}^{\infty}\frac{1}{m^5}\left(1 - \frac{2 + \alpha_m\tan h\alpha_m}{2\cos h\alpha_m}\cos h\frac{m\pi r y}{l_x} + \frac{\alpha_m}{\cos h\alpha_m}\frac{y}{l_y}\sin h\frac{m\pi r y}{l_x}\right)\sin\frac{m\pi x}{l_x} \qquad (4\text{-}15)$$

将直角坐标系的原点平移到四边简支双向叠合板的中心位置，则式(4-15)变为：

$$w = \frac{4q l_x^4}{\pi^5 D_x}\sum_{m=1,3,5,\cdots}^{\infty}\frac{(-1)^{\frac{m-1}{2}}}{m^5}\left(1 - \frac{2 + \alpha_m\tan h\alpha_m}{2\cos h\alpha_m}\cos h\frac{m\pi r y}{l_x} + \frac{\alpha_m}{\cos h\alpha_m}\frac{y}{l_y}\sin h\frac{m\pi r y}{l_x}\right)$$
$$\cos\frac{m\pi x}{l_x} \qquad (4\text{-}16)$$

式(4-15)、式(4-16)中，α_m 和 r 的计算式分别如下：

$$\alpha_m = \frac{m\pi r l_y}{2l_x} \qquad (4\text{-}17)$$

$$r = \left(\frac{D_x}{D_y}\right)^{1/4} = \lambda^{1/4} \qquad (4\text{-}18)$$

式中，λ 为双向叠合板 x、y 方向抗弯刚度的比值；m 取正整数。

4.3.2　四边简支双向叠合板中心点挠度计算式

在式(4-16)中，取 $x=0$，$y=0$，可得四边简支双向叠合板中心点挠度 $w_{x=0,y=0}$ 计算

式,即:

$$w_{x=0,y=0} = \frac{4ql_x^4}{\pi^5 D_x} \sum_{m=1,3,5,\cdots}^{\infty} \frac{(-1)^{\frac{m-1}{2}}}{m^5} \left(1 - \frac{2 + \alpha_m \tan h\alpha_m}{2\cos h\alpha_m} \right) \tag{4-19}$$

令

$$a_f = \frac{4}{\pi^5} \sum_{m=1,3,5,\cdots}^{\infty} \frac{(-1)^{\frac{m-1}{2}}}{m^5} \left(1 - \frac{2 + \alpha_m \tan h\alpha_m}{2\cos h\alpha_m} \right) \tag{4-20}$$

则

$$w_{x=0,y=0} = a_f \times \frac{ql_x^4}{D_x} \tag{4-21}$$

式中,a_f 为四边简支双向叠合板中心点的挠度计算系数,也是其最大挠度计算系数。

4.3.3　四边简支双向叠合板中心点弯矩计算式

4.3.3.1　x 方向四边简支双向叠合板中心点弯矩计算式

不考虑泊松比影响,在式(4-2)中取 $\mu_y = 0$,在式(4-16)中取 $x=0,y=0$,可得 x 方向四边简支双向叠合板中心点弯矩 M_x 计算式,即:

$$M_x = -D_x \left(\frac{\partial^2 w}{\partial x^2} \right)_{x=0,y=0} \tag{4-22}$$

将式(4-16)代入式(4-22),可得:

$$M_x = \frac{4ql_x^2}{\pi^3} \sum_{m=1,3,5,\cdots}^{\infty} \frac{(-1)^{\frac{m-1}{2}}}{m^3} \left(1 - \frac{2 + \alpha_m \tan h\alpha_m}{2\cos h\alpha_m} \right) \tag{4-23}$$

令

$$m_x = \frac{4}{\pi^3} \sum_{m=1,3,5,\cdots}^{\infty} \frac{(-1)^{\frac{m-1}{2}}}{m^3} \left(1 - \frac{2 + \alpha_m \tan h\alpha_m}{2\cos h\alpha_m} \right) \tag{4-24}$$

则

$$M_x = m_x \times ql_x^2 \tag{4-25}$$

式中,m_x 为四边简支双向叠合板的 x 方向板中心点弯矩计算系数。

4.3.3.2　y 方向四边简支双向叠合板中心点弯矩计算式

不考虑泊松比影响,在式(4-3)中 $\mu_x = 0$,在式(4-16)中取 $x=0,y=0$,可得 y 方向板中心点弯矩 M_y 计算式,即:

$$M_y = -D_y \left(\frac{\partial^2 w}{\partial y^2} \right)_{x=0,y=0} = \frac{2ql_x^2}{r^2\pi^3} \sum_{m=1,3,5,\cdots}^{\infty} \frac{(-1)^{\frac{m-1}{2}}}{m^3} \frac{\alpha_m \tan h\alpha_m}{\cos h\alpha_m} \tag{4-26}$$

令

$$m_y = \frac{2}{\pi^3} \sum_{m=1,3,5,\cdots}^{\infty} \frac{(-1)^{\frac{m-1}{2}}}{m^3} \frac{\alpha_m \tan h\alpha_m}{\cos h\alpha_m} \tag{4-27}$$

则

$$M_y = m_y \times q \left(\frac{l_x}{r} \right)^2 \tag{4-28}$$

式中,m_y 为四边简支双向叠合板的 y 方向板中心点弯矩计算系数。

4.3.3.3 考虑泊松比影响时四边简支双向叠合板中心点弯矩计算式

若计入泊松比的影响，x、y 方向四边简支双向叠合板中心点弯矩计算式如下：

$$M_x^{(\mu)} = M_x + \mu\lambda M_y \tag{4-29}$$

$$M_y^{(\mu)} = M_y + \frac{\mu}{\lambda}M_x \tag{4-30}$$

4.3.4 算例

均布荷载作用下四边简支双向叠合板的中心点挠度公式见式(4-21)。x 方向和 y 方向四边简支双向叠合板中性点弯矩公式分别见式(4-25)、式(4-28)。可通过编制程序对其进行电算。

例如，取 $\lambda=0.5$ 和 $\lambda=2.0$ 时，根据式(4-20)、式(4-24)、式(4-27)编程电算，每个级数解均取 100 项，可得到均布荷载作用下跨度比为 0.5～1.0 的四边简支双向叠合板的弹性计算系数。其结果见表 4-1、表 4-2。

表 4-1 四边简支双向叠合板弹性计算系数（$\lambda=0.5$）

l_x/l_y	a_f	m_x	m_y
0.50	0.008 75	0.082 8	0.023 9
0.55	0.007 90	0.074 5	0.027 4
0.60	0.007 10	0.066 6	0.030 2
0.65	0.006 35	0.059 3	0.032 6
0.70	0.005 66	0.052 6	0.034 3
0.75	0.005 04	0.046 5	0.035 6
0.80	0.004 48	0.041 0	0.036 5
0.85	0.003 98	0.036 2	0.036 9
0.90	0.003 53	0.031 9	0.037 0
0.95	0.003 14	0.028 1	0.036 8
1.00	0.002 79	0.024 8	0.036 5

注：① 本表中预制带肋底板沿 y 方向布置；② x 方向为短跨方向，y 方向为长跨方向；③ $w=$ 表中系数 $\times ql_x^4/D_x$，$M_x=$ 表中系数 $\times ql_x^2$，$M_y=$ 表中系数 $\times ql_x^2/r^2$。

表 4-2 四边简支双向叠合板弹性计算系数（$\lambda=2.0$）

l_x/l_y	a_f	m_x	m_y
0.50	0.011 24	0.107 1	0.011 5
0.55	0.010 66	0.101 7	0.014 6
0.60	0.010 06	0.095 8	0.017 7
0.65	0.009 45	0.089 7	0.020 7
0.70	0.008 83	0.083 7	0.023 5

表 4-2(续)

l_x/l_y	a_f	m_x	m_y
0.75	0.008 23	0.077 7	0.026 1
0.80	0.007 64	0.072 0	0.028 3
0.85	0.007 08	0.066 4	0.030 3
0.90	0.006 55	0.061 2	0.032 0
0.95	0.006 04	0.056 3	0.033 4
1.00	0.005 57	0.051 7	0.034 6

注:① 本表中预制带肋底板沿 x 方向布置;② x 方向为短跨方向,y 方向为长跨方向;③ $w=$ 表中系数 $\times ql_x^4/D_x$,$M_x=$ 表中系数 $\times ql_x^2$,$M_y=$ 表中系数 $\times ql_x^2/r^2$。

4.4　两对边简支另两对边固支双向叠合板挠度及内力表达式

4.4.1　两对边简支另两对边固支双向叠合板挠度计算式

本节中,取 x 方向为双向叠合板的强方向(预制带肋底板沿 x 方向布置),y 方向为双向叠合板的弱方向。

下面将对强方向两对边简支弱方向两对边固支的情形进行求解。对于强方向两对边固支弱方向两对边简支的情形可通过坐标变换求解。

假定双向叠合板的弹性主向和边界平行,采用如图 4-2 所示的直角坐标系。其中,l_x、l_y 分别为两对边简支另两对边固支双向叠合板 x、y 方向的跨度。

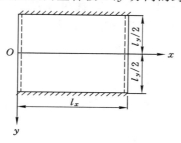

图 4-2　两对边简支另两对边固支双向叠合板的直角坐标系

4.4.1.1　四边简支双向叠合板挠度计算式

在本节中,均布荷载作用下四边简支双向叠合板的挠度计算式记为 w_1:

$$w_1 = \frac{4ql_x^4}{\pi^5 D_x} \sum_{m=1,3,5,\cdots}^{\infty} \frac{1}{m^5} \left(1 - \frac{2 + \alpha_m \tan h\alpha_m}{2\cos h\alpha_m} \cos h\frac{m\pi ry}{l_x} + \frac{\alpha_m}{\cos h\alpha_m} \frac{y}{l_y} \sin h\frac{m\pi ry}{l_x}\right) \sin \frac{m\pi x}{l_x}$$

$$(4-31)$$

式中,α_m、r 的计算公式如下:

$$\alpha_m = \frac{m\pi rl_y}{2l_x} \qquad (4-32)$$

$$r = \left(\frac{D_x}{D_y}\right)^{1/4} = \lambda^{1/4} \tag{4-33}$$

4.4.1.2 对称边缘分布弯矩作用下四边简支双向叠合板挠度计算式

如图 4-3 所示,沿板边缘 $y = \pm l_y/2$ 施加对称分布弯矩 $M(x)$,所加的弯矩值刚好能够抵消由均布荷载在板边缘 $y = \pm l_y/2$ 处产生的转角。

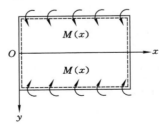

图 4-3　对称弯矩作用下四边简支双向叠合板的直角坐标系

设对称边缘分布弯矩作用下四边简支双向叠合板的挠度为 w_2。

两对称边缘分布弯矩 $M(x)$ 作用下四边简支双向叠合板的边界条件为:

$$(w_2)_{x=0,l_x} = 0 \ , \ (w_2)_{y=\pm l_y/2} = 0 \tag{4-34}$$

$$\left(\frac{\partial^2 w_2}{\partial x^2}\right)_{x=0,l_x} = 0, -D_y\left(\frac{\partial^2 w_2}{\partial y^2}\right)_{y=\pm l_y/2} = M(x) \tag{4-35}$$

对称边缘分布弯矩 $M(x)$ 可用 x 的单三角级数来表示。其具体形式如下:

$$M(x) = \sum_{m=1,3,5,\cdots}^{\infty} E_m \sin\frac{m\pi x}{l_x} \tag{4-36}$$

式中,E_m 为待定系数。

求解双向叠合板的挠曲面基本微分方程,此时方程的右边等于零。两对称边缘分布弯矩 $M(x)$ 作用下四边简支双向叠合板的挠度计算式形式如下:

$$w_2 = \sum_{m=1,3,5,\cdots}^{\infty} \left(A_m \cos h\frac{m\pi r y}{l_x} + D_m y \sin h\frac{m\pi r y}{l_x}\right)\sin\frac{m\pi x}{l_x} \tag{4-37}$$

式中,A_m,D_m 为待定系数。

将式(4-37)代入式(4-34)、式(4-36),再将式(4-37)代入式(4-35),联立方程组求解待定系数 A_m、D_m,可得:

$$A_m = \frac{l_x}{2\pi r D_y}\frac{E_m}{m\cos h\alpha_m}\frac{l_y}{2}\tan h\alpha_m \tag{4-38}$$

$$D_m = -\frac{l_x}{2\pi r D_y}\frac{E_m}{m\cos h\alpha_m} \tag{4-39}$$

将式(4-38)、式(4-39)代入式(4-37),可得:

$$w_2 = \frac{l_x}{2\pi r D_y}\sum_{m=1,3,5,\cdots}^{\infty}\frac{E_m}{m\cos h\alpha_m}\left(\frac{l_y}{2}\tan h\alpha_m \cos h\frac{m\pi r y}{l_x} - y\sin h\frac{m\pi r y}{l_x}\right)\sin\frac{m\pi x}{l_x} \tag{4-40}$$

另外,挠度 w_2 还需满足两固支端的几何边界条件,即:

$$\left(\frac{\partial w_1}{\partial y}\right)_{y=\pm l_y/2} + \left(\frac{\partial w_2}{\partial y}\right)_{y=\pm l_y/2} = 0 \tag{4-41}$$

将式(4-31)、式(4-40)代入式(4-41)，整理可得：

$$E_m = \frac{4ql_x^2}{r^2\pi^3 m^3} \frac{\alpha_m - \sin h\alpha_m \cos h\alpha_m}{\alpha_m + \sin h\alpha_m \cos h\alpha_m} \tag{4-42}$$

将式(4-33)、式(4-42)代入式(4-40)，可得挠度 w_2：

$$w_2 = \frac{4ql_x^4}{\pi^5 D_x} \sum_{m=1,3,5,\cdots}^{\infty} \frac{1}{m^5} \frac{1}{\cos h\alpha_m} \frac{\alpha_m - \sin h\alpha_m \cos h\alpha_m}{\alpha_m + \sin h\alpha_m \cos h\alpha_m}$$

$$\left(\frac{1}{2}\alpha_m \tan h\alpha_m \cos h\frac{m\pi ry}{l_x} - \frac{\alpha_m}{l_y}y\sin h\frac{m\pi ry}{l_x} \right) \sin\frac{m\pi x}{l_x} \tag{4-43}$$

4.4.1.3　均布荷载作用下两对边简支另两对边固支双向叠合板挠度计算式

将挠度 w_1 与挠度 w_2 叠加起来，即为均布荷载作用下两对边简支另两对边固支双向叠合板的挠度 w，同时将坐标原点平移到这种板的中心位置，整理可得：

$$w = \frac{4ql_x^4}{\pi^5 D_x} \sum_{m=1,3,5,\cdots}^{\infty} \frac{(-1)^{\frac{m-1}{2}}}{m^5}$$

$$\left(1 - \frac{\alpha_m \cos h\alpha_m + \sin h\alpha_m}{\alpha_m + \sin h\alpha_m \cos h\alpha_m} \cos h\frac{m\pi ry}{l_x} + \frac{\sin h\alpha_m}{\alpha_m + \sin h\alpha_m \cos h\alpha_m} \frac{m\pi ry}{l_x}\sin h\frac{m\pi ry}{l_x} \right) \cos\frac{m\pi x}{l_x} \tag{4-44}$$

4.4.2　两对边简支另两对边固支双向叠合板中心点挠度计算式

当 $x=0, y=0$ 时，两对边简支另两对边固支双向叠合板中心点挠度 $w_{x=0,y=0}$ 的计算式如下：

$$w_{x=0,y=0} = \frac{4ql_x^4}{\pi^5 D_x} \sum_{m=1,3,5,\cdots}^{\infty} \frac{(-1)^{\frac{m-1}{2}}}{m^5} \left(1 - \frac{\alpha_m \cos h\alpha_m + \sin h\alpha_m}{\alpha_m + \sin h\alpha_m \cos h\alpha_m} \right) \tag{4-45}$$

令

$$a_f = \frac{4}{\pi^5} \sum_{m=1,3,5,\cdots}^{\infty} \frac{(-1)^{\frac{m-1}{2}}}{m^5} \left(1 - \frac{\alpha_m \cos h\alpha_m + \sin h\alpha_m}{\alpha_m + \sin h\alpha_m \cos h\alpha_m} \right) \tag{4-46}$$

则

$$w_{x=0,y=0} = a_f \times \frac{ql_x^4}{D_x} \tag{4-47}$$

式中，a_f 为两对边简支另两对边固支双向叠合板中心点的挠度计算系数。

4.4.3　两对边简支另两对边固支双向叠合板中心点弯矩计算式

4.4.3.1　x 方向两对边简支另两对边固支双向叠合板中心点弯矩计算式

不考虑泊松比影响，取 $\mu_y = 0, x=0, y=0$ 时，x 方向两对边简支另两对边固支双向叠合板中心弯矩 M_x 的计算式如下：

$$M_x = -D_x\left(\frac{\partial^2 w}{\partial x^2}\right)_{x=0,y=0} = \frac{4ql_x^2}{\pi^3} \sum_{m=1,3,5,\cdots}^{\infty} \frac{(-1)^{\frac{m-1}{2}}}{m^3} \left(1 - \frac{\alpha_m \cos h\alpha_m + \sin h\alpha_m}{\alpha_m + \sin h\alpha_m \cos h\alpha_m} \right) \tag{4-48}$$

令

$$m_x = \frac{4}{\pi^3} \sum_{m=1,3,5,\cdots}^{\infty} \frac{(-1)^{\frac{m-1}{2}}}{m^3} \left(1 - \frac{\alpha_m \cos h\alpha_m + \sin h\alpha_m}{\alpha_m + \sin h\alpha_m \cos h\alpha_m}\right) \tag{4-49}$$

则

$$M_x = m_x \times q l_x^2 \tag{4-50}$$

式中，m_x 为两对边简支另两对边固支双向叠合板的 x 方向板中心点弯矩计算系数。

4.4.3.2　y 方向两对边简支另两对边固支双向叠合板中心点弯矩计算式

不考虑泊松比影响，取 $\mu_x = 0, x = 0, y = 0$ 时，y 方向两对边简支另两对边固支双向叠合板中心弯矩 M_y 的计算公式如下：

$$M_y = -D_y \left(\frac{\partial^2 w}{\partial y^2}\right)_{x=0, y=0} = \frac{4q l_x^2}{\pi^3 r^2} \sum_{m=1,3,5,\cdots}^{\infty} \frac{(-1)^{\frac{m-1}{2}}}{m^3} \frac{\alpha_m \cos h\alpha_m - \sin h\alpha_m}{\alpha_m + \sin h\alpha_m \cos h\alpha_m} \tag{4-51}$$

令

$$m_y = \frac{4}{\pi^3} \sum_{m=1,3,5,\cdots}^{\infty} \frac{(-1)^{\frac{m-1}{2}}}{m^3} \frac{\alpha_m \cos h\alpha_m - \sin h\alpha_m}{\alpha_m + \sin h\alpha_m \cos h\alpha_m} \tag{4-52}$$

则

$$M_y = m_y \times q \left(\frac{l_x}{r}\right)^2 \tag{4-53}$$

式中，m_y 为两对边简支另两对边固支双向叠合板的 y 方向板中心点弯矩计算系数。

4.4.3.3　考虑泊松比影响时两对边简支另两对边固支双向叠合板中心点弯矩计算式

若计入泊松比的影响，x、y 方向两对边简支另两对边固支双向叠合板中心点的弯矩计算式如下：

$$M_x^{(\mu)} = M_x + \mu\lambda M_y \tag{4-54}$$

$$M_y^{(\mu)} = M_y + \frac{\mu}{\lambda} M_x \tag{4-55}$$

4.4.4　两对边简支另两对边固支双向叠合板的固支边中心点负弯矩计算式

这种板的支座负弯矩 $M_{y'}$ 即为对称弯矩 $M(x)$，将式(4-42)代入式(4-36)，并将这种板的坐标原点平移到这种板的中心位置，整理可得：

$$M_{y'} = \frac{4q l_x^2}{r^2 \pi^3} \sum_{m=1}^{\infty} \frac{(-1)^{\frac{m-1}{2}}}{m^3} \frac{\alpha_m - \sin h\alpha_m \cos h\alpha_m}{\alpha_m + \sin h\alpha_m \cos h\alpha_m} \cos \frac{m\pi x}{l_x} \tag{4-56}$$

取 $x = 0$ 时，固支边中点负弯矩 $M_{y'}$ 的计算公式如下：

$$M_{y'} = \frac{4q l_x^2}{r^2 \pi^3} \sum_{m=1,3,5,\cdots}^{\infty} \frac{(-1)^{\frac{m-1}{2}}}{m^3} \frac{\alpha_m - \sin h\alpha_m \cos h\alpha_m}{\alpha_m + \sin h\alpha_m \cos h\alpha_m} \tag{4-57}$$

令

$$m_{y'} = \frac{4}{\pi^3} \sum_{m=1,3,5,\cdots}^{\infty} \frac{(-1)^{\frac{m-1}{2}}}{m^3} \frac{\alpha_m - \sin h\alpha_m \cos h\alpha_m}{\alpha_m + \sin h\alpha_m \cos h\alpha_m} \tag{4-58}$$

则

$$M_{y'} = m_{y'} \times q \left(\frac{l_x}{r}\right)^2 \tag{4-59}$$

式中，$m_{y'}$ 为两对边简支另两对边固支双向叠合板的固支边中点负弯矩计算系数。

4.4.5　算例

均布荷载作用下两对边简支另两对边固支双向叠合板中心点的挠度、弯矩和固支边中点负弯矩的级数解，可通过编制程序进行电算。

例如，取 $\lambda=0.5$ 和 $\lambda=2.0$ 时，根据式(4-46)、式(4-49)、式(4-52)、式(4-58)编制程序进行电算，且每个级数均取 100 项，可得到均布荷载作用下跨度比为 0.5～1.0 的两对边简支另两对边固支双向叠合板的弹性计算系数。其结果见表 4-3、表 4-4。

表 4-3　两对边简支另两边固支双向叠合板弹性计算系数($\lambda=0.5$)

l_x/l_y	a_f	m_x	m_y	$m_{y'}$
0.50	0.006 57	0.061 4	0.028 9	$-0.111\ 9$
0.55	0.005 53	0.051 1	0.030 9	$-0.106\ 2$
0.60	0.004 62	0.042 2	0.031 9	$-0.099\ 9$
0.65	0.003 85	0.034 6	0.032 1	$-0.093\ 4$
0.70	0.003 20	0.028 3	0.031 6	$-0.086\ 9$
0.75	0.002 67	0.023 1	0.030 7	$-0.080\ 5$
0.80	0.002 22	0.018 8	0.029 6	$-0.074\ 5$
0.85	0.001 86	0.015 3	0.028 2	$-0.068\ 8$
0.90	0.001 56	0.012 4	0.026 8	$-0.063\ 6$
0.95	0.001 31	0.010 1	0.025 3	$-0.058\ 7$
1.00	0.001 11	0.008 2	0.023 9	$-0.054\ 2$

注：① 本表中预制带肋底板沿 y 方向布置；② x 方向为短跨方向，y 方向为长跨方向；③ $w=$ 表中系数 $\times ql_x^4/D_x$，$M_x=$ 表中系数 $\times ql_x^2$，$M_y=$ 表中系数 $\times ql_x^2/r^2$，$M_{y'}=$ 表中系数 $\times ql_x^2/r^2$。

表 4-4　两对边简支另两边固支双向叠合板弹性计算系数($\lambda=2.0$)

l_x/l_y	a_f	m_x	m_y	$m_{y'}$
0.50	0.010 09	0.096 1	0.016 7	$-0.122\ 8$
0.55	0.009 23	0.087 1	0.020 4	$-0.121\ 1$
0.60	0.00835	0.078 9	0.023 7	$-0.118\ 8$
0.65	0.007 49	0.070 5	0.026 5	$-0.115\ 9$
0.70	0.006 68	0.062 5	0.028 7	$-0.112\ 4$
0.75	0.005 92	0.055 0	0.030 3	$-0.108\ 5$
0.80	0.005 23	0.048 2	0.031 3	$-0.104\ 2$
0.85	0.004 61	0.042 0	0.031 9	$-0.099\ 9$
0.90	0.004 05	0.036 6	0.032 1	$-0.095\ 2$
0.95	0.003 55	0.031 7	0.031 9	$-0.090\ 5$
1.00	0.003 12	0.027 5	0.031 5	$-0.086\ 0$

注：① 本表中预制带肋底板沿 x 方向布置；② x 方向为短跨方向，y 方向为长跨方向；③ $w=$ 表中系数 $\times ql_x^4/D_x$，$M_x=$ 表中系数 $\times ql_x^2$，$M_y=$ 表中系数 $\times ql_x^2/r^2$，$M_{y'}=$ 表中系数 $\times ql_x^2/r^2$。

4.5 一边固支三边简支双向叠合板挠度及内力表达式

4.5.1 一边固支三边简支双向叠合板挠度计算式

本节讨论的是双向叠合板弱方向一边固支其他边均简支情形。强方向一边固支其他边均简支的情形可通过坐标变换求解。

假定双向叠合板的弹性主向和边界平行,采用如图 4-4 所示的直角坐标系。其中,l_x、l_y 分别为 x、y 方向一边固支三边简支双向叠合板的跨度。

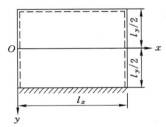

图 4-4 一边固支三边简支双向叠合板的直角坐标系

4.5.1.1 均布荷载作用下四边简支双向叠合板挠度计算式

同样地,均布荷载下四边简支双向叠合板的挠度记为 w_1。其计算式如下:

$$w_1 = \frac{4ql_x^4}{\pi^5 D_x} \sum_{m=1,3,5,\cdots}^{\infty} \frac{1}{m^5} \left(1 - \frac{2 + \alpha_m \tan h\alpha_m}{2\cos h\alpha_m} \cos h \frac{m\pi ry}{l_x} + \frac{\alpha_m}{\cos h\alpha_m} \frac{y}{l_y} \sin h \frac{m\pi ry}{l_x} \right) \sin \frac{m\pi x}{l_x}$$

$$(4-60)$$

其中,α_m、r 的计算式如下:

$$\alpha_m = \frac{m\pi r l_y}{2l_x} \tag{4-61}$$

$$r = \left(\frac{D_x}{D_y} \right)^{1/4} = \lambda^{1/4} \tag{4-62}$$

式中,λ 为双向叠合板 x、y 方向的抗弯刚度比值;r 为双向叠合板正交构造各向异性系数;m 取正整数。

4.5.1.2 边缘分布弯矩作用下四边简支双向叠合板挠度计算式

沿四边简支双向叠合板的边缘 $y = l_y/2$ 施加分布弯矩,施加的分布弯矩刚好能抵消均布荷载下四边简支双向叠合板边缘 $y = l_y/2$ 处产生的转角。将施加的边缘分布弯矩分成两对称分布弯矩和两反对称分布弯矩,并分别求解。

(1)对称边缘分布弯矩作用下四边简支双向叠合板的挠度计算式

如图 4-5 所示,两对称边缘分布弯矩作用在四边简支双向叠合板边缘 $y = \pm l_y/2$ 上。

对称边缘分布弯矩 $M(x)$ 可用 x 的单三角级数来表示。其具体形式如下:

$$M(x) = \sum_{m=1,3,5,\cdots}^{\infty} E'_m \sin \frac{m\pi x}{l_x} \tag{4-63}$$

式中,E'_m 为待定系数。

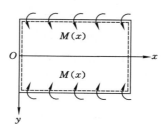

图 4-5　对称边缘分布弯矩作用下四边简支双向叠合板的直角坐标系

两对称边缘分布弯矩作用下四边简支双向叠合板的挠度记为 w_2。其计算式如下：

$$w_2 = \frac{l_x}{2\pi r D_y} \sum_{m=1,3,5,\cdots}^{\infty} \frac{E'_m}{m \cos h\alpha_m} \left(\frac{l_y}{2} \tan h\alpha_m \cos h\frac{m\pi ry}{l_x} - y \sin h\frac{m\pi ry}{l_x} \right) \sin \frac{m\pi x}{l_x}$$

$$(4\text{-}64)$$

（2）反对称边缘分布弯矩作用下四边简支双向叠合板的挠度计算式

如图 4-6 所示，两反对称边缘分布弯矩作用在四边简支双向叠合板边缘 $y = \pm l_y/2$ 上。

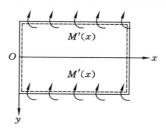

图 4-6　反对称弯矩作用下四边简支双向叠合板的直角坐标系

反对称边缘分布弯矩 $M'(x)$ 可用 x 的单三角级数来表示。其具体形式如下：

$$M'(x) = \sum_{m=1,3,5,\cdots}^{\infty} E''_m \sin \frac{m\pi x}{l_x} \qquad (4\text{-}65)$$

式中，E''_m 为待求系数。

两反对称边缘分布弯矩作用下四边简支双向叠合板的挠度记为 w_3。其边界条件如下：

$$y = \pm l_y/2, w_3 = 0 \qquad (4\text{-}66)$$

$$-D_y \left(\frac{\partial^2 w_3}{\partial y^2} \right)_{y=l_y/2} = M'(x) \qquad (4\text{-}67)$$

$$-D_y \left(\frac{\partial^2 w_3}{\partial y^2} \right)_{y=-l_y/2} = -M'(x) \qquad (4\text{-}68)$$

根据对称关系，两反对称弯矩作用下四边简支双向叠合板的挠度计算式是关于 y 的奇函数。其具体形式如下：

$$w_3 = \sum_{m=1,3,5,\cdots}^{\infty} \left(A_m \sin h\frac{m\pi ry}{l_x} + B_m y \cos h\frac{m\pi ry}{l_x} \right) \sin \frac{m\pi x}{l_x} \qquad (4\text{-}69)$$

将式（4-69）代入式（4-66）中，将式（4-65）与式（4-69）代入式（4-67）、式（4-68）中，联立方程组解得系数 A_m、B_m 为：

$$A_m = \frac{l_x}{2\pi r D_y} \frac{E''_m}{m \sin h\alpha_m} \frac{l_y}{2\tan h\alpha_m} \qquad (4\text{-}70)$$

$$B_m = -\frac{l_x}{2\pi r D_y} \frac{E''_m}{m \sin h\alpha_m} \tag{4-71}$$

将式(4-70)和式(4-71)代入式(4-69)中,得两反对称边缘分布弯矩作用下四边简支双向叠合板的挠度 w_3 为:

$$w_3 = \frac{l_x}{2\pi r D_y} \sum_{m=1,3,5,\cdots}^{\infty} \frac{E''_m}{m \sin h\alpha_m} \left(\frac{l_y}{2\tan h\alpha_m} \sin h \frac{m\pi r y}{l_x} - y\cos h \frac{m\pi r y}{l_x}\right) \sin \frac{m\pi x}{l_x} \tag{4-72}$$

将以上两种弯矩作用下四边简支双向叠合板分别产生的挠度进行叠加,得挠度 $w_{2,3}$ 为:

$$w_{2,3} = \frac{l_x}{2\pi r D_y} \sum_{m=1,3,5,\cdots}^{\infty} \left[\frac{E'_m}{m \cos h\alpha_m} \left(\frac{l_y}{2}\tan h\alpha_m \cos h \frac{m\pi r y}{l_x} - y\sin h \frac{m\pi r y}{l_x}\right) \right. $$
$$\left. + \frac{E''_m}{m \sin h\alpha_m} \left(\frac{l_y}{2\tan h\alpha_m} \sin h \frac{m\pi r y}{l_x} - y\cos h \frac{m\pi r y}{l_x}\right)\right] \sin \frac{m\pi x}{l_x} \tag{4-73}$$

因为只讨论沿四边简支双向叠合板的边缘 $y = l_y/2$ 施加分布弯矩的情形,则上式中的两个系数应取为:

$$E'_m = E''_m = \frac{E_m}{2} \tag{4-74}$$

将式(4-74)代入式(4-73)中,得到该边缘分布弯矩作用下四边简支双向叠合板产生的挠度(记为 w_4)。其计算式如下:

$$w_4 = \frac{l_x}{4\pi r D_y} \sum_{m=1,3,5,\cdots}^{\infty} \frac{E_m}{m} \left[\frac{1}{\cos h\alpha_m} \left(\frac{l_y}{2}\tan h\alpha_m \cos h \frac{m\pi r y}{l_x} - y\sin h \frac{m\pi r y}{l_x}\right) \right. $$
$$\left. + \frac{1}{\sin h\alpha_m} \left(\frac{l_y}{2\tan h\alpha_m} \sin h \frac{m\pi r y}{l_x} - y\cos h \frac{m\pi r y}{l_x}\right)\right] \sin \frac{m\pi x}{l_x} \tag{4-75}$$

此外,挠度 w_1 和 w_4 还应满足固支端转角为零的边界条件,即:

$$\left(\frac{\partial w_1}{\partial y}\right)_{y=l_y/2} + \left(\frac{\partial w_4}{\partial y}\right)_{y=l_y/2} = 0 \tag{4-76}$$

将式(4-60)与式(4-75)代入式(4-76)中,整理可得:

$$E_m = \frac{8q l_x^2}{r^2 \pi^3 m^3} \frac{\tan h\alpha_m (\alpha_m \tan h\alpha_m + 1) - \alpha_m}{\alpha_m \tan h^2\alpha_m - \tan h\alpha_m + \alpha_m \cot h^2\alpha_m - \cot h\alpha_m - 2\alpha_m} \tag{4-77}$$

令

$$F_m = \frac{\tan h\alpha_m (\alpha_m \tan h\alpha_m + 1) - \alpha_m}{\alpha_m \tan h^2\alpha_m - \tan h\alpha_m + \alpha_m \cot h^2\alpha_m - \cot h\alpha_m - 2\alpha_m} \tag{4-78}$$

将式(4-77)与式(4-78)代入式(4-75)中,整理可得:

$$w_4 = \frac{4q l_x^4}{\pi^5 D_x} \sum_{m=1,3,5,\cdots}^{\infty} \frac{1/2 F_m}{m^5} \left[\left(\frac{\alpha_m \tan h\alpha_m}{\cos h\alpha_m} - \frac{1}{\sin h\alpha_m} \frac{m\pi r y}{l_x}\right) \cos h \frac{m\pi r y}{l_x} \right. $$
$$\left. + \left(\frac{\alpha_m \cot h\alpha_m}{\sin h\alpha_m} - \frac{1}{\cos h\alpha_m} \frac{m\pi r y}{l_x}\right) \sin h \frac{m\pi r y}{l_x}\right] \sin \frac{m\pi x}{l_x} \tag{4-79}$$

4.5.1.3　均布荷载作用下一边固支三边简支双向叠合板挠度计算式

将挠度 w_1 与挠度 w_4 叠加起来,即为均布荷载下一边固支三边简支双向叠合板的挠度(记为 w_5)。同时将坐标原点平移到这种板的中心位置,整理可得 w_5:

$$w_5 = \frac{4ql_x^4}{\pi^5 D_x} \sum_{m=1,3,5,\cdots}^{\infty} \frac{(-1)^{\frac{m-1}{2}}}{m^5} \left\{ 1 + \left[\frac{F_m}{2} \left(\frac{\alpha_m \tan h\alpha_m}{\cos h\alpha_m} - \frac{1}{\sin h\alpha_m} \frac{m\pi ry}{l_x} \right) - \frac{2 + \alpha_m \tan h\alpha_m}{2\cos h\alpha_m} \right] \right.$$

$$\left. \cos h \frac{m\pi ry}{l_x} + \left[\frac{F_m}{2} \left(\frac{\alpha_m \cot h\alpha_m}{\sin h\alpha_m} - \frac{1}{\cos h\alpha_m} \frac{m\pi ry}{l_x} \right) + \frac{\alpha_m}{\cos h\alpha_m} \frac{y}{l_y} \right] \sin h \frac{m\pi ry}{l_x} \right\} \cos \frac{m\pi x}{l_x}$$

$$(4\text{-}80)$$

4.5.2　一边固支三边简支双向叠合板中心点挠度计算式

当 $x=0, y=0$ 时,一边固支三边简支双向叠合板中心点挠度 $(w_5)_{x=0,y=0}$ 计算式如下:

$$(w_5)_{x=0,y=0} = \frac{4ql_x^4}{\pi^5 D_x} \sum_{m=1,3,5,\cdots}^{\infty} \frac{(-1)^{\frac{m-1}{2}}}{m^5} \left[1 + \frac{F_m}{2} \left(\frac{\alpha_m \tan h\alpha_m}{\cos h\alpha_m} \right) - \frac{2 + \alpha_m \tan h\alpha_m}{2\cos h\alpha_m} \right]$$

$$(4\text{-}81)$$

令

$$a_f = \frac{4}{\pi^5} \sum_{m=1,3,5,\cdots}^{\infty} \frac{(-1)^{\frac{m-1}{2}}}{m^5} \left[1 + \frac{F_m}{2} \left(\frac{\alpha_m \tan h\alpha_m}{\cos h\alpha_m} \right) - \frac{2 + \alpha_m \tan h\alpha_m}{2\cos h\alpha_m} \right] \qquad (4\text{-}82)$$

则

$$(w_5)_{x=0,y=0} = a_f \times \frac{ql_x^4}{D_x} \qquad (4\text{-}83)$$

式中,a_f 为均布荷载下一边固支三边简支双向叠合板的板中心点挠度系数。

4.5.3　一边固支三边简支双向叠合板中心点弯矩计算式

4.5.3.1　x 方向一边固支三边简支双向叠合板中心点弯矩计算式

不考虑泊松比影响,取 $\mu_y=0, x=0, y=0$ 时,x 方向一边固支三边简支双向叠合板中心点弯矩 M_x 计算式如下:

$$M_x = -D_x \left(\frac{\partial^2 w_5}{\partial x^2} \right)_{x=0,y=0} = \frac{4ql_x^2}{\pi^3} \sum_{m=1,3,5,\cdots}^{\infty} \frac{(-1)^{\frac{m-1}{2}}}{m^3} \left[1 + \frac{F_m}{2} \left(\frac{\alpha_m \tan h\alpha_m}{\cos h\alpha_m} \right) - \frac{2 + \alpha_m \tan h\alpha_m}{2\cos h\alpha_m} \right]$$

$$(4\text{-}84)$$

令

$$m_x = \frac{4}{\pi^3} \sum_{m=1,3,5,\cdots}^{\infty} \frac{(-1)^{\frac{m-1}{2}}}{m^3} \left[1 + \frac{F_m}{2} \left(\frac{\alpha_m \tan h\alpha_m}{\cos h\alpha_m} \right) - \frac{2 + \alpha_m \tan h\alpha_m}{2\cos h\alpha_m} \right] \qquad (4\text{-}85)$$

则

$$M_x = m_x \times ql_x^2 \qquad (4\text{-}86)$$

式中,m_x 为一边固支三边简支双向叠合板的 x 方向板中心点弯矩计算系数。

4.5.3.2　y 方向一边固支三边简支双向叠合板中心点弯矩计算式

不考虑泊松比影响,取 $\mu_x=0, x=0, y=0$ 时,y 方向一边固支三边简支双向叠合板中心点弯矩 M_y 计算式如下:

$$M_y = -D_y \left(\frac{\partial^2 w_5}{\partial y^2} \right)_{x=0,y=0} = \frac{4ql_x^2}{\pi^3 r^2} \sum_{m=1,3,5,\cdots}^{\infty} \frac{(-1)^{\frac{m-1}{2}}}{m^3} \left[\frac{\alpha_m \tan h\alpha_m}{2\cos h\alpha_m} - \frac{F_m}{2} \left(\frac{\alpha_m \tan h\alpha_m - 2}{\cos h\alpha_m} \right) \right]$$

$$(4\text{-}87)$$

令

$$m_y = \frac{4}{\pi^3} \sum_{m=1,3,5,\cdots}^{\infty} \frac{(-1)^{\frac{m-1}{2}}}{m^3} \left[\frac{\alpha_m \tan h\alpha_m}{2\cos h\alpha_m} - \frac{F_m}{2} \left(\frac{\alpha_m \tan h\alpha_m - 2}{\cos h\alpha_m} \right) \right] \tag{4-88}$$

则有:

$$M_y = m_y \times q \left(\frac{l_x}{r} \right)^2 \tag{4-89}$$

式中,m_y 为一边固支三边简支双向叠合板的 y 方向板中心点弯矩计算系数。

4.5.3.3 考虑泊松比影响时一边固支三边简支双向叠合板中心点弯矩计算式

若计入泊松比的影响,x、y 方向的一边固支三边简支双向叠合板中心点弯矩则按下式计算:

$$M_x^{(\mu)} = M_x + \mu\lambda M_y \tag{4-90}$$

$$M_y^{(\mu)} = M_y + \frac{\mu}{\lambda} M_x \tag{4-91}$$

4.5.4 一边固支三边简支双向叠合板的固支边中点负弯矩计算式

沿四边简支双向叠合板的边缘 $y = l_y/2$ 施加分布弯矩。其支座负弯矩 M'_y 等于两对称弯矩 $M(x)$ 和两反对称弯矩 $M'(x)$ 的叠加值,且两者大小相同、方向相反。

将式(4-74)及式(4-77)代入式(4-63)、式(4-65)中,并将这种板的坐标原点平移到这种板中心,整理可得:

$$M'_y = \frac{8ql_x^2}{r^2\pi^3} \sum_{m=1,3,5,\cdots}^{\infty} \frac{(-1)^{\frac{m-1}{2}}}{m^3} \frac{\tan h\alpha_m(\alpha_m \tan h\alpha_m + 1) - \alpha_m}{\alpha_m \tan h^2\alpha_m - \tan h\alpha_m + \alpha_m \cot h^2\alpha_m - \cot h\alpha_m - 2\alpha_m} \cos \frac{m\pi rx}{l_x} \tag{4-92}$$

式(4-92)中取 $x=0$ 时,即为均布荷载下一边固支三边简支双向叠合板的固支边中点负弯矩(记为 $M_{y'}$)。其计算式如下:

$$M_{y'} = \frac{8ql_x^2}{r^2\pi^3} \sum_{m=1,3,5,\cdots}^{\infty} \frac{(-1)^{\frac{m-1}{2}}}{m^3} \frac{\tan h\alpha_m(\alpha_m \tan h\alpha_m + 1) - \alpha_m}{\alpha_m \tan h^2\alpha_m - \tan h\alpha_m + \alpha_m \cot h^2\alpha_m - \cot h\alpha_m - 2\alpha_m} \tag{4-93}$$

令

$$m_{y'} = \frac{8}{\pi^3} \sum_{m=1,3,5,\cdots}^{\infty} \frac{(-1)^{\frac{m-1}{2}}}{m^3} \frac{\tan h\alpha_m(\alpha_m \tan h\alpha_m + 1) - \alpha_m}{\alpha_m \tan h^2\alpha_m - \tan h\alpha_m + \alpha_m \cot h^2\alpha_m - \cot h\alpha_m - 2\alpha_m} \tag{4-94}$$

则

$$M_{y'} = m_{y'} \times q \left(\frac{l_x}{r} \right)^2 \tag{4-95}$$

式中,$m_{y'}$ 为一边固支三边简支双向叠合板的固支边中点负弯矩计算系数。

4.5.5 算例

均布荷载下一边固支三边简支双向叠合板中心点的挠度、弯距和固支边中点负弯矩的级数解,可通过编制程序进行电算。

例如,取 $\lambda=0.5$ 和 $\lambda=2.0$ 时,根据式(4-82)、式(4-85)、式(4-88)、式(4-94)编制程序进行电算,且每个级数均取 100 项,可得到均布荷载作用下跨度比为 0.5~1.0 的一边固支三边简支双向叠合板的弹性计算系数。其结果见表 4-5、表 4-6。

表 4-5　一边固支三边简支双向叠合板弹性计算系数($\lambda=0.5$)

l_x/l_y	a_f	m_x	m_y	$m_{y'}$
0.50	0.007 61	0.071 6	0.026 5	$-0.116\ 9$
0.55	0.006 64	0.062 1	0.029 2	$-0.113\ 0$
0.60	0.005 76	0.053 4	0.031 1	$-0.108\ 6$
0.65	0.004 97	0.045 6	0.032 3	$-0.103\ 7$
0.70	0.004 27	0.0388	0.032 2	$-0.098\ 6$
0.75	0.003 67	0.032 9	0.032 8	$-0.093\ 3$
0.80	0.003 15	0.027 9	0.032 4	$-0.088\ 1$
0.85	0.002 71	0.023 6	0.031 6	$-0.083\ 0$
0.90	0.002 33	0.019 9	0.030 7	$-0.078\ 0$
0.95	0.002 01	0.016 8	0.029 6	$-0.073\ 3$
1.00	0.001 73	0.014 2	0.028 4	$-0.068\ 8$

注:① 本表中预制带肋底板沿 y 方向布置;② x 方向为短跨方向,y 方向为长跨方向;③ $w=$ 表中系数 $\times ql_x^4/D_x$,$M_x=$ 表中系数 $\times ql_x^2$,$M_y=$ 表中系数 $\times ql_x^2/r^2$,$M_{y'}=$ 表中系数 $\times ql_x^2/r^2$。

表 4-6　一边固支三边简支双向叠合板弹性计算系数($\lambda=2.0$)

l_x/l_y	a_f	m_x	m_y	$m_{y'}$
0.50	0.010 66	0.101 7	0.014 1	$-0.123\ 8$
0.55	0.009 94	0.094 6	0.017 6	$-0.122\ 8$
0.60	0.009 19	0.087 2	0.020 8	$-0.121\ 3$
0.65	0.008 44	0.079 8	0.023 7	$-0.119\ 5$
0.70	0.007 71	0.072 6	0.026 2	$-0.117\ 3$
0.75	0.007 01	0.065 7	0.028 3	$-0.114\ 6$
0.80	0.006 35	0.059 2	0.029 9	$-0.111\ 7$
0.85	0.005 74	0.053 2	0.031 2	$-0.108\ 5$
0.90	0.005 17	0.047 6	0.032 0	$-0.105\ 0$
0.95	0.004 65	0.042 5	0.032 6	$-0.101\ 5$
1.00	0.004 18	0.037 9	0.032 8	$-0.097\ 8$

注:① 本表中预制带肋底板沿 x 方向布置;② x 方向为短跨方向,y 方向为长跨方向;③ $w=$ 表中系数 $\times ql_x^4/D_x$,$M_x=$ 表中系数 $\times ql_x^2$,$M_y=$ 表中系数 $\times ql_x^2/r^2$,$M_{y'}=$ 表中系数 $\times ql_x^2/r^2$。

4.6 四边固支双向叠合板挠度及内力表达式

本节假定双向叠合板的弹性主向和边界平行,采用如图4-7所示的直角坐标系。l_x、l_y 分别为四边固支双向叠合板 x、y 方向的跨度。

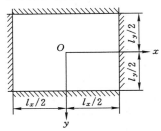

图 4-7 四边固支双向叠合板直角坐标系

4.6.1 四边固支双向叠合板挠度计算式

4.6.1.1 均布荷载作用下四边简支双向叠合板的挠度及转角计算式

均布荷载作用下四边简支双向叠合板的挠度记为 w_1,变换坐标可得到两种不同形式的计算式。其具体如下:

$$w_1 = \frac{4ql_x^4}{\pi^5 D_x} \sum_{m=1,3,5,\cdots}^{\infty} \frac{(-1)^{\frac{m-1}{2}}}{m^5} \left(1 - \frac{2+\alpha_m \tan h\alpha_m}{2\cos h\alpha_m} \cos h \frac{m\pi ry}{l_x} + \frac{\alpha_m}{\cos h\alpha_m} \frac{y}{l_y} \sin h \frac{m\pi ry}{l_x}\right) \cos \frac{m\pi x}{l_x}$$
（4-96）

$$w_1 = \frac{4ql_y^4}{\pi^5 D_y} \sum_{m=1,3,5,\cdots}^{\infty} \frac{(-1)^{\frac{m-1}{2}}}{m^5} \left(1 - \frac{2+\beta_m \tan h\beta_m}{2\cos h\beta_m} \cos h \frac{m\pi x}{rl_y} + \frac{\beta_m}{\cos h\beta_m} \frac{x}{l_x} \sin h \frac{m\pi x}{rl_y}\right) \cos \frac{m\pi y}{l_y}$$
（4-97）

其中,α_m、β_m 和 r 的计算式如下:

$$\alpha_m = \frac{m\pi rl_y}{2l_x}$$
（4-98）

$$\beta_m = \frac{m\pi l_x}{2rl_y}$$
（4-99）

$$r = \left(\frac{D_x}{D_y}\right)^{1/4} = \lambda^{1/4}$$
（4-100）

式中,λ 为双向叠合板 x、y 方向的抗弯刚度比值,r 为双向叠合板正交各向异性系数,m 取正整数。

为便于讨论,本节均以边缘 $x=l_x/2$ 和边缘 $y=l_y/2$ 为例进行计算。

均布荷载作用下四边简支双向叠合板边缘 $y=l_y/2$ 上产生的转角按式(4-96)计算,可得:

$$\left(\frac{\partial w_1}{\partial y}\right)_{y=l_y/2} = \frac{2ql_x^3}{\pi^4 r^3 D_y} \sum_{m=1,3,5,\cdots}^{\infty} \frac{(-1)^{\frac{m-1}{2}}}{m^4} \left[\alpha_m - (1+\alpha_m \tan h\alpha_m) \tan h\alpha_m\right] \cos \frac{m\pi x}{l_x}$$
（4-101）

均布荷载作用下四边简支双向叠合板边缘 $x=l_x/2$ 上产生的转角按式(4-97)计算，可得：

$$\left(\frac{\partial w_1}{\partial x}\right)_{x=l_x/2}=\frac{2ql_y^3r^3}{\pi^4 D_x}\sum_{m=1,3,5,\cdots}^{\infty}\frac{(-1)^{\frac{m-1}{2}}}{m^4}\left[\beta_m-(1+\beta_m\tan h\beta_m)\tan h\beta_m\right]\cos\frac{m\pi y}{l_y}$$

(4-102)

4.6.1.2　对称边缘弯矩作用下四边简支双向叠合板的挠度及转角计算式(情况一)

如图 4-8 所示，沿四边简支双向叠合板的边缘 $y=\pm l_y/2$ 施加对称分布弯矩 $M(x)$。

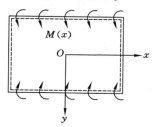

图 4-8　对称边缘弯矩作用下四边简支双向叠合板(情况一)的直角坐标系

对称边缘弯矩 $M(x)$ 可用 x 的单三角级数形式表示。其具体如下：

$$M(x)=\sum_{m=1,3,5,\cdots}^{\infty}E_m\sin\frac{m\pi x}{l_x}$$

(4-103)

式中，E_m 为待定系数。

两对称边缘弯矩 $M(x)$ 作用下四边简支双向叠合板的挠度记为 w_2。其计算式如下：

$$w_2=\frac{l_x}{2\pi rD_y}\sum_{m=1,3,5,\cdots}^{\infty}\frac{(-1)^{\frac{m-1}{2}}E_m}{m\cos h\alpha_m}\left(\frac{l_y}{2}\tan h\alpha_m\cos h\frac{m\pi ry}{l_x}-y\sin h\frac{m\pi ry}{l_x}\right)\cos\frac{m\pi x}{l_x}$$

(4-104)

两对称边缘弯矩 $M(x)$ 作用下四边简支双向叠合板边缘 $y=l_y/2$ 上的转角为：

$$\left(\frac{\partial w_2}{\partial y}\right)_{y=l_y/2}=\frac{l_x}{2\pi rD_y}\sum_{m=1,3,5,\cdots}^{\infty}\frac{(-1)^{\frac{m-1}{2}}E_m}{m}(\alpha_m\tan h^2\alpha_m-\tan h\alpha_m-\alpha_m)\cos\frac{m\pi x}{l_x}$$

(4-105)

与 y 轴平行边缘处的转角也应考虑。将挠度 w_2 对 x 求导，并令 $x=l_x/2$，可得：

$$\left(\frac{\partial w_2}{\partial x}\right)_{x=l_x/2}=-\frac{r^3}{4D_x}\sum_{m=1,3,5,\cdots}^{\infty}\frac{E_m}{\cos h^2\alpha_m}\left(l_y\sin h\alpha_m\cos h\frac{m\pi ry}{l_x}-2\cos h\alpha_m y\sin h\frac{m\pi ry}{l_x}\right)$$

(4-106)

上式括号内的式子是关于 y 的偶函数，在边缘 $y=\pm l_y/2$ 上为零。

这样的函数可以用级数表示。其具体形式如下：

$$\sum_{n=1,3,5,\cdots}^{\infty}B_n\cos\frac{n\pi y}{l_y}$$

(4-107)

式中系数 B_n 按下式计算：

$$B_n=\frac{2}{l_y}\int_{-l_y/2}^{l_y/2}\left(l_y\sin h\alpha_m\cos h\frac{m\pi ry}{l_x}-2\cos h\alpha_m y\sin h\frac{m\pi ry}{l_x}\right)\cos\frac{n\pi y}{l_y}\mathrm{d}y$$

(4-108)

由此计算可得：

$$B_n = \frac{16nrl_x \ (-1)^{\frac{n-1}{2}}}{m^3\pi^2} \frac{l_y^2}{l_x^2} \frac{1}{\left(\dfrac{r^2l_y^2}{l_x^2} + \dfrac{n^2}{m^2}\right)^2} \cos h^2\alpha_m \tag{4-109}$$

将式(4-109)代入式(4-107)、式(4-106)中，可得：

$$\left(\frac{\partial w_2}{\partial x}\right)_{x=l_x/2} = -\frac{4r^4l_y^2}{\pi^2l_xD_x} \sum_{m=1,3,5,\cdots}^{\infty} \frac{E_m}{m^3} \sum_{n=1,3,5,\cdots}^{\infty} \frac{n \ (-1)^{\frac{n-1}{2}}}{\left(\dfrac{r^2l_y^2}{l_x^2} + \dfrac{n^2}{m^2}\right)^2} \cos\frac{n\pi y}{l_y} \tag{4-110}$$

按同样的方法可计算在边缘 $x=-l_x/2$ 和 $y=-l_y/2$ 上的转角。

4.6.1.3 对称边缘弯矩作用下四边简支双向叠合板的挠度及转角计算式（情况二）

如图 4-9 所示，沿四边简支双向叠合板的边缘 $x=\pm l_x/2$ 施加对称分布弯矩 $M(y)$。

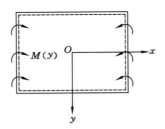

图 4-9 对称弯矩作用下四边简支双向叠合板（情况二）的直角坐标系

两对称边缘弯矩 $M(y)$ 可用 y 的单三角级数形式表示。其具体如下：

$$M(y) = \sum_{m=1,3,5,\cdots}^{\infty} F_m \sin\frac{m\pi y}{l_y} \tag{4-111}$$

式中，F_m 为待定系数。

两对称边缘弯矩 $M(y)$ 作用下，四边简支双向叠合板的挠度 w_3 表达式为：

$$w_3 = \sum_{m=1,3,5,\cdots}^{\infty} X_m \sin\frac{m\pi y}{l_y} \tag{4-112}$$

式中，X_m 为 x 的任意函数；m 为正整数。

在此情形下，其边界条件为：

$$x=\pm l_x/2, w_3=0 \tag{4-113}$$

$$-D_x\left(\frac{\partial^2 w_3}{\partial x^2}\right)_{x=\pm l_x/2} = M(y) \tag{4-114}$$

根据对称关系，两对称边缘弯矩 $M(y)$ 作用下四边简支双向叠合板的挠度计算式是关于 x 的偶函数，则挠度 w_3 的形式如下：

$$w_3 = \sum_{m=1,3,5,\cdots}^{\infty} \left(A_m \cos h\frac{m\pi x}{rl_y} + B_m x\sin h\frac{m\pi x}{rl_y}\right) \sin\frac{m\pi y}{l_y} \tag{4-115}$$

将式(4-115)代入式(4-113)、式(4-111)，再将式(4-115)代入式(4-114)，联立方程组求解待定系数 A_m、B_m 为：

$$A_m = \frac{rl_y}{2\pi D_x} \frac{F_m}{m\cos h\beta_m} \frac{l_x}{2}\tan h\beta_m \tag{4-116}$$

$$B_m = -\frac{rl_y}{2\pi D_x} \frac{F_m}{m\cos h\beta_m} \tag{4-117}$$

将式(4-116)、式(4-117)代入式(4-115),可得对称弯矩 $M(y)$ 作用下四边简支双向叠合板的挠度 w_3 的计算式。其具体如下:

$$w_3 = \frac{rl_y}{2\pi D_x} \sum_{m=1,3,5,\cdots}^{\infty} \frac{(-1)^{\frac{m-1}{2}} F_m}{m \cos h\beta_m} \left(\frac{l_x}{2} \tan h\beta_m \cos h \frac{m\pi x}{rl_y} - x \sin h \frac{m\pi x}{rl_y} \right) \cos \frac{m\pi y}{l_y}$$

(4-118)

在弯矩 $M(y)$ 作用下四边简支双向叠合板边缘 $x = l_x/2$ 上的转角 $\left(\frac{\partial w_3}{\partial x} \right)_{x=l_x/2}$ 为:

$$\left(\frac{\partial w_3}{\partial x} \right)_{x=l_x/2} = \frac{rl_y}{2\pi D_x} \sum_{m=1,3,5,\cdots}^{\infty} \frac{(-1)^{\frac{m-1}{2}} F_m}{m} (\beta_m \tan h^2\beta_m - \tan h\beta_m - \beta_m) \cos \frac{m\pi y}{l_y}$$

(4-119)

与 x 轴平行边缘处的转角也应考虑。将挠度 w_3 对 y 求导,并令 $y = l_y/2$,可得:

$$\left(\frac{\partial w_3}{\partial y} \right)_{y=l_y/2} = -\frac{1}{4r^3 D_y} \sum_{m=1,3,5,\cdots}^{\infty} \frac{F_m}{\cos h^2\beta_m} \left(l_x \sin h\beta_m \cos h \frac{m\pi x}{rl_y} - 2\cos h\beta_m x \sin h \frac{m\pi x}{rl_y} \right)$$

(4-120)

上式括号内的式子是关于 x 的偶函数,在边缘 $x = \pm l_x/2$ 上为零。

同样地,这样的函数可以用级数表示。其具体形式如下:

$$\sum_{n=1,3,5,\cdots}^{\infty} C_n \cos \frac{n\pi x}{l_x}$$

(4-121)

式中系数 C_n 按下式计算:

$$C_n = \frac{2}{l_x} \int_{-l_x/2}^{l_x/2} \left(l_x \sin h\beta_m \cos h \frac{m\pi x}{rl_y} - 2\cos h\beta_m x \sin h \frac{m\pi x}{rl_y} \right) \cos \frac{n\pi x}{l_x} \mathrm{d}x \quad (4-122)$$

由此计算可得:

$$C_n = \frac{16nl_y (-1)^{\frac{n-1}{2}}}{m^3 \pi^2} \frac{l_x^2}{rl_y^2} \frac{1}{\left(\frac{l_x^2}{r^2 l_y^2} + \frac{n^2}{m^2} \right)^2} \cos h^2\beta_m$$

(4-123)

将式(4-123)代入式(4-121)、式(4-120)中,可得:

$$\left(\frac{\partial w_3}{\partial y} \right)_{y=l_y/2} = -\frac{4l_x^2}{\pi^2 r^4 l_y D_y} \sum_{m=1,3,5,\cdots}^{\infty} \frac{F_m}{m^3} \sum_{n=1,3,5,\cdots}^{\infty} \frac{n (-1)^{\frac{n-1}{2}}}{\left(\frac{l_x^2}{r^2 l_y^2} + \frac{n^2}{m^2} \right)^2} \cos \frac{n\pi x}{l_x} \quad (4-124)$$

按同样的方法可计算在边缘 $x = -l_x/2$ 和 $y = -l_y/2$ 上的转角。

4.6.1.4　两种对称边缘弯矩同时作用下四边简支双向叠合板边缘处的转角计算式

根据叠加原理,当这两种对称边缘弯矩同时作用时,四边简支双向叠合板边缘处的转角可由这两种边缘弯矩分别作用产生的转角叠加得到。

为便于讨论,以边缘 $y = l_y/2$ 上产生的转角为例,计算可得:

$$\left(\frac{\partial w_2}{\partial y} + \frac{\partial w_3}{\partial y} \right)_{y=l_y/2} = \frac{l_x}{2\pi r D_y} \sum_{m=1,3,5,\cdots}^{\infty} \frac{(-1)^{\frac{m-1}{2}} E_m}{m} (\alpha_m \tan h^2\alpha_m - \tan h\alpha_m - \alpha_m)$$

$$\cos \frac{m\pi x}{l_x} - \frac{4l_x^2}{\pi^2 r^4 l_y D_y} \sum_{m=1,3,5,\cdots}^{\infty} \frac{F_m}{m^3} \sum_{n=1,3,5,\cdots}^{\infty} \frac{n (-1)^{\frac{n-1}{2}}}{\left(\frac{l_x^2}{r^2 l_y^2} + \frac{n^2}{m^2} \right)^2} \cos \frac{n\pi x}{l_x}$$

(4-125)

4.6.1.5 双向叠合板固支端边界条件

在固支端边界条件下，双向叠合板固支边不能转动，即固支边边缘转角为零。根据叠加原理，对于固支边边缘 $y = \pm l_y/2$，有：

$$\left(\frac{\partial w_1}{\partial y}\right)_{y=l_y/2} + \left(\frac{\partial w_2}{\partial y} + \frac{\partial w_3}{\partial y}\right)_{y=l_y/2} = 0 \tag{4-126}$$

$$\frac{2ql_x^3}{\pi^4 r^3 D_y} \sum_{m=1,3,5,\cdots}^{\infty} \frac{(-1)^{\frac{m-1}{2}}}{m^4} (\alpha_m - \alpha_m \tan h^2 \alpha_m - \tan h\alpha_m) \cos\frac{m\pi x}{l_x}$$

$$+ \frac{l_x}{2\pi r D_y} \sum_{m=1,3,5,\cdots}^{\infty} \frac{(-1)^{\frac{m-1}{2}} E_m}{m} (\alpha_m \tan h^2 \alpha_m - \tan h\alpha_m - \alpha_m) \cos\frac{m\pi x}{l_x}$$

$$- \frac{4l_x^2}{\pi^2 r^4 l_y D_y} \sum_{m=1,3,5,\cdots}^{\infty} \frac{F_m}{m^3} \sum_{n=1,3,5,\cdots}^{\infty} \frac{n\,(-1)^{\frac{n-1}{2}}}{\left(\frac{l_x^2}{r^2 l_y^2} + \frac{n^2}{m^2}\right)^2} \cos\frac{n\pi x}{l_x} = 0 \tag{4-127}$$

同样地，对于固支边边缘 $x = \pm l_x/2$，有：

$$\left(\frac{\partial w_1}{\partial x}\right)_{x=l_x/2} + \left(\frac{\partial w_2}{\partial x} + \frac{\partial w_3}{\partial x}\right)_{x=l_x/2} = 0 \tag{4-128}$$

$$\frac{2ql_y^3 r^3}{\pi^4 D_x} \sum_{m=1,3,5,\cdots}^{\infty} \frac{(-1)^{\frac{m-1}{2}}}{m^4} (\beta_m - \beta_m \tan h^2 \beta_m - \tan h\beta_m) \cos\frac{m\pi y}{l_y}$$

$$- \frac{4r^4 l_y^2}{\pi^2 l_x D_x} \sum_{m=1,3,5,\cdots}^{\infty} \frac{E_m}{m^3} \sum_{n=1,3,5,\cdots}^{\infty} \frac{n\,(-1)^{\frac{n-1}{2}}}{\left(\frac{r^2 l_y^2}{l_x^2} + \frac{n^2}{m^2}\right)^2} \cos\frac{n\pi y}{l_y} \tag{4-129}$$

$$+ \frac{r l_y}{2\pi D_x} \sum_{m=1,3,5,\cdots}^{\infty} \frac{(-1)^{\frac{m-1}{2}} F_m}{m} (\beta_m \tan h^2 \beta_m - \tan h\beta_m - \beta_m) \cos\frac{m\pi y}{l_y} = 0$$

式(4-127)、式(4-129)分别对任意 x 和 y 值都成立，可知对于每一 n（或 m）值，乘有因子 $\cos\dfrac{n\pi x}{l_x}$（或 $\cos\dfrac{n\pi y}{l_y}$）的系数一定等于零。

由式(4-127)，可得到系数 E_m 和 F_m 并包含无穷多个线性方程组。其具体如下：

$$\frac{4ql_x^2}{\pi^3} \frac{1}{m^4} (\alpha_m - \alpha_m \tan h^2 \alpha_m - \tan h\alpha_m) + \frac{r^2 E_m}{m} (\alpha_m \tan h^2 \alpha_m - \tan h\alpha_m - \alpha_m)$$

$$- \frac{8l_x}{\pi r l_y} \sum_{m=1,3,5,\cdots}^{\infty} \frac{F_m}{m^3} \frac{n}{\left(\frac{l_x^2}{r^2 l_y^2} + \frac{n^2}{m^2}\right)^2} = 0 \tag{4-130}$$

同样地，由式(4-129)可得：

$$\frac{4ql_y^2}{\pi^3} \frac{1}{m^4} (\beta_m - \beta_m \tan h^2 \beta_m - \tan h\beta_m) - \frac{8r l_y}{\pi l_x} \sum_{m=1,3,5,\cdots}^{\infty} \frac{E_m}{m^3} \frac{n}{\left(\frac{r^2 l_y^2}{l_x^2} + \frac{n^2}{m^2}\right)^2}$$

$$+ \frac{1}{r^2} \frac{F_m}{m} (\beta_m \tan h^2 \beta_m - \tan h\beta_m - \beta_m) = 0 \tag{4-131}$$

因为式(4-130)、式(4-131)中的级数收敛较快，所以可以取有限项系数来建立方程组，求解这些线性方程组就可以得到相应的 E_m、F_m 值。然后，再将 E_m、F_m 代入均布荷载作用下和沿板两个方向作用对称边缘弯矩产生的挠度计算式,就可以得到相应的挠度。

4.6.1.6 均布荷载作用下四边固支双向叠合板的挠度计算式

根据叠加原理可知,四边固支双向叠合板的挠度可由均布荷载作用下和沿板两个方向作用对称边缘弯矩产生的挠度叠加得到。

所以,均布荷载作用下四边固支双向叠合板的挠度计算式为:

$$w = w_1 + w_2 + w_3 \tag{4-132}$$

4.6.2 四边固支双向叠合板中心点挠度计算式

均布荷载作用下四边固支双向叠合板中心点的挠度计算式如下:

$$(w)_{x=0,y=0} = (w_1 + w_2 + w_3)_{x=0,y=0} \tag{4-133}$$

其中

$$(w_1)_{x=0,y=0} = \frac{4ql_x^4}{\pi^5 D_x} \sum_{m=1,3,5,\cdots}^{\infty} \frac{(-1)^{\frac{m-1}{2}}}{m^5} \left(1 - \frac{2 + \alpha_m \tan h\alpha_m}{2\cos h\alpha_m}\right) \tag{4-134}$$

$$(w_2)_{x=0,y=0} = \frac{l_y^2}{4\pi D_y} \frac{l_x}{rl_y} \sum_{m=1,3,5,\cdots}^{\infty} \frac{(-1)^{\frac{m-1}{2}} E_m \tan h\alpha_m}{m\cos h\alpha_m} \tag{4-135}$$

$$(w_3)_{x=0,y=0} = \frac{l_x^2}{4\pi D_x} \frac{rl_y}{l_x} \sum_{m=1,3,5,\cdots}^{\infty} \frac{(-1)^{\frac{m-1}{2}} F_m \tan h\beta_m}{m\cos h\beta_m} \tag{4-136}$$

将计算所得系数 E_m、F_m 值代入式(4-133),可以将其化为:

$$(w)_{x=0,y=0} = a_f \times \frac{ql_x^4}{D_x} \tag{4-137}$$

式中,a_f 为均四边固支双向叠合板的中心点挠度计算系数。

4.6.3 四边固支双向叠合板中心点弯矩计算式

4.6.3.1 x 方向四边固支双向叠合板中心点弯矩计算式

不考虑泊松比的影响,均布荷载作用下四边固支双向叠合板中心点弯矩 M_x 的计算式如下:

$$M_x = M_{x1} + M_{x2} + M_{x3} \tag{4-138}$$

其中

$$M_{x1} = \frac{4ql_x^2}{\pi^3} \sum_{m=1,3,5,\cdots}^{\infty} \frac{(-1)^{\frac{m-1}{2}}}{m^3} \left(1 - \frac{2 + \alpha_m \tan h\alpha_m}{2\cos h\alpha_m}\right) \tag{4-139}$$

$$M_{x2} = \frac{r^2}{2} \sum_{m=1,3,5,\cdots}^{\infty} \frac{(-1)^{\frac{m-1}{2}} E_m \alpha_m \tan h\alpha_m}{\cos h\alpha_m} \tag{4-140}$$

$$M_{x3} = \sum_{m=1,3,5,\cdots}^{\infty} \frac{(-1)^{\frac{m-1}{2}} F_m}{2\cos h\beta_m} (2 - \beta_m \tan h\beta_m) \tag{4-141}$$

将计算所得系数 E_m、F_m 值代入式(4-138),可以将式(4-138)化为如下形式:

$$M_x = m_x \times ql_x^2 \tag{4-142}$$

式中,m_x 为四边固支双向叠合板的 x 方向板中心点弯矩计算系数。

4.6.3.2 y 方向四边固支双向叠合板中心点弯矩计算式

不考虑泊松比的影响,均布荷载作用下四边固支双向叠合板中心点弯矩 M_y 的计算式如下：

$$M_y = M_{y1} + M_{y2} + M_{y3} \tag{4-143}$$

其中

$$M_{y1} = \frac{4ql_y^2}{\pi^3} \sum_{m=1,3,5,\cdots}^{\infty} \frac{(-1)^{\frac{m-1}{2}}}{m^3} \left(1 - \frac{2 + \beta_m \tan h\beta_m}{2\cos h\beta_m}\right) \tag{4-144}$$

$$M_{y2} = \sum_{m=1,3,5,\cdots}^{\infty} \frac{(-1)^{\frac{m-1}{2}} E_m}{2\cos h\alpha_m} (2 - \alpha_m \tan h\alpha_m) \tag{4-145}$$

$$M_{y3} = \frac{1}{2r^2} \sum_{m=1,3,5,\cdots}^{\infty} \frac{(-1)^{\frac{m-1}{2}} F_m \beta_m \tan h\beta_m}{\cos h\beta_m} \tag{4-146}$$

将计算所得系数 E_m、F_m 值代入式（4-143），可以将式（4-143）化为如下形式：

$$M_y = m_y \times q \left(\frac{l_x}{r}\right)^2 \tag{4-147}$$

式中，m_y 为四边固支双向叠合板的 y 方向板中心点弯矩计算系数。

4.6.3.3　考虑泊松比影响时四边固支双向叠合板中心点弯矩计算式

若考虑泊松比的影响，均布荷载作用下四边固支双向叠合板 x、y 方向板中心点弯矩的计算式如下：

$$M_x^{(\mu)} = M_x + \mu\lambda M_y \tag{4-148}$$

$$M_y^{(\mu)} = M_y + \frac{\mu}{\lambda} M_x \tag{4-149}$$

4.6.4　四边固支双向叠合板的固支边中点负弯矩计算式

均布荷载作用下四边固支双向叠合板固支边中点弯矩计算式如下：

$$M'_x = \sum_{m=1,3,5,\cdots}^{\infty} (-1)^{\frac{m-1}{2}} F_m \tag{4-150}$$

$$M'_y = \sum_{m=1,3,5,\cdots}^{\infty} (-1)^{\frac{m-1}{2}} E_m \tag{4-151}$$

将计算所得系数 E_m、F_m 值代入式（4-150），可以将式（4-150）化为如下形式：

$$M_{x'} = m_{x'} \times ql_x^2 \tag{4-152}$$

式中，$m_{x'}$ 为四边固支双向叠合板的 x 方向固支边中点弯矩计算系数。

将计算所得系数 E_m、F_m 值代入式（4-151），可以将式（4-151）化为如下形式：

$$M_{y'} = m_{y'} \times q \left(\frac{l_x}{r}\right)^2 \tag{4-153}$$

式中，$m_{y'}$ 为四边固支双向叠合板的 y 方向固支边中点负弯矩计算系数。

4.6.5　算例

设有一四边固支正方形叠合板，已知强、弱方向刚度比为 2，板面内作用均布荷载 q，试确定该叠合板的弹性计算系数 a_f、m_x、m_y、$m_{x'}$、$m_{y'}$。

【解】

已知：$l_x = l_y$，$l_x/l_y = 1$，$\lambda = 2$，按式（4-100）计算可得：$r = \lambda^{1/4} = 2^{1/4}$。

根据式(4-130),分别取系数 E_m、F_m 的前四项,编程电算可以得到:

$1.588\ 7E_1+0.734\ 8F_1+0.118\ 5F_3+0.030\ 7F_5+0.011\ 8F_7\approx0.783\ 42K$

$0.471\ 5E_3+0.068\ 2F_1+0.081\ 6F_3+0.045\ 1F_5+0.023\ 6F_7\approx0.012\ 34K$

$0.282\ 8E_5+0.016\ 2F_1+0.032\ 7F_3+0.029\ 4F_5+0.021\ 1F_7\approx0.001\ 60K$

$0.202\ 0E_7+0.006\ 1F_1+0.014\ 7F_3+0.016\ 9F_5+0.015\ 0F_7\approx0.000\ 42K$

根据式(4-131),分别取系数 E_m、F_m 的前四项,编程电算可以得到:

$0.845\ 0F_1+0.519\ 6E_1+0.048\ 2E_3+0.011\ 5E_5+0.004\ 3E_7\approx0.539\ 02L$

$0.235\ 8F_3+0.083\ 8E_1+0.057\ 7E_3+0.023\ 1E_5+0.010\ 4E_7\approx0.012\ 34L$

$0.141\ 4F_5+0.021\ 7E_1+0.031\ 9E_3+0.020\ 8E_5+0.011\ 9E_7\approx0.001\ 60L$

$0.101\ 0F_7+0.008\ 3E_1+0.016\ 7E_3+0.014\ 9E_5+0.010\ 6E_7\approx0.000\ 42L$

以上等式中,$K=-4ql_x^2/\pi^3=L=-4ql_y^2/\pi^3$。

联立这些等式组成方程组,可求解得到:

$E_1\approx0.280\ 0K$,$E_3\approx-0.032\ 4K$,$E_5\approx-0.013\ 7K$,$E_7\approx-0.006\ 7K$

$F_1\approx0.467\ 9K$,$F_3\approx-0.037\ 6K$,$F_5\approx-0.021\ 7K$,$F_7\approx-0.010\ 8K$

将所得系数分别代入该叠合板中心点挠度、弯矩和固支边中点弯矩计算式,编程电算可得相应的弹性计算系数。其具体如下:

$$a_f\approx0.001\ 71,\ m_x\approx0.024\ 8,\ m_y\approx0.015\ 4$$

$$m_{x'}=\frac{1}{ql_x^2}\sum_{m=1,3,5,\cdots}^{\infty}(-1)^{\frac{m-1}{2}}F_m=\frac{K}{ql_x^2}(0.467\ 9+0.037\ 6-0.021\ 7+0.010\ 8)\approx-0.063\ 8$$

$$m_{y'}=\frac{1}{q\left(\frac{l_x}{r}\right)^2}\sum_{m=1,3,5,\cdots}^{\infty}(-1)^{\frac{m-1}{2}}E_m=\frac{K}{q\left(\frac{l_x}{r}\right)^2}(0.280\ 0+0.032\ 4-0.013\ 7+0.006\ 7)$$

$$\approx-0.055\ 7$$

4.7　其他复杂边界条件双向叠合板挠度及内力表达式

4.7.1　一边简支三边固支双向叠合板挠度计算式

均布荷载作用下一边简支三边固支双向叠合板可视作为承受关于简支边所在直线两反对称均布荷载作用下四边固支双向叠合板的一半。在简支边上,其挠度和弯矩为零。这样,就可以将一边简支三边固支双向叠合板的问题转化为已解决的四边固支双向叠合板的问题。因此,其挠度及内力的计算式求解方法与四边固支双向叠合板的相同。

除上述方法外,还有另一种求解思路:在求得均布载荷作用下四边简支双向叠合板的挠度基础上,通过在板边缘上施加分布弯矩,在满足相应边界条件的情况下,采用荷载叠加法,可求解均布荷载作用下一边简支三边固支双向叠合板的弯曲问题。

4.7.2　两相邻边简支另两相邻边固支双向叠合板挠度计算式

均布荷载作用下两相邻边简支另两相邻边固支双向叠合板可视作为均布荷载作用下四边固支双向叠合板的四分之一。这样,在四边固支双向叠合板上,均布荷载关于两对称轴呈棋盘式分布,形成了两对称轴所在边简支而其他边固支的边界条件。同样也可以将两相邻边简支另两相邻边固支双向叠合板的问题转化为已解决的四边固支双向叠合板的问题。因此,其挠度及内力的计算式求解方法与四边固支双向叠合板的相同。

同样地可以采用上节所述的求解思路:在求得均布载荷作用下四边简支双向叠合板的挠度基础上,通过在板边缘上施加分布弯矩,在满足相应边界条件的情况下,采用荷载叠加法,可求解均布荷载作用下两相邻边简支另两相邻边固支双向叠合板的弯曲问题。

4.8　本章小结

(1) 依据各向异性板理论,求解了双向叠合板的挠曲面基本微分方程,研究了均布荷载作用下四边简支、两对边简支另两对边固支、一边固支三边简支、四边固支双向叠合板的弹性计算方法。对于一边简支三边固支、两相邻边简支另两相邻边固支等复杂边界条件的双向叠合板的弹性计算方法也进行了简要论述。

(2) 编程电算得到了均布荷载作用下刚度比为 0.5 和 2.0 以及跨度比为 0.5~1.0 的四边简支、两对边简支另两对边固支、一边固支三边简支双向叠合板的弹性计算系数。另外,举例求解了均布荷载作用下刚度比为 2.0 的四边固支正方形叠合板的中心点挠度、两方向中心点弯矩及固支边中点弯矩等弹性计算系数。

(3) 在求得均布荷载作用下四边简支双向叠合板的挠度基础上,通过在板边缘上施加分布弯矩,在满足相应边界条件的情况下,采用荷载叠加法,可求解均布荷载作用下其他复杂边界条件双向叠合板的弯曲问题。

第 5 章　双向叠合板简化弹性计算方法研究

5.1　概　　述

目前,设计双向叠合板时,现行有关建筑标准设计图集未考虑其双向受力效应,均按照单向板进行设计。例如,国家建筑标准设计图集《预制带肋底板混凝土叠合楼板》(14G443)、甘肃省建筑标准设计图集《预制带肋底板混凝土叠合楼板》(甘 11G13)、陕西省推广应用标准设计《PK 预应力混凝土叠合板》(陕 2010TG002)以及山东省建筑标准设计图集《PK 预应力混凝土叠合板》(L10SG408)都是按照单向板进行设计的。这些图集的设计思想均为:采用查表法在图集中直接选用预制底板,垂直预制底板方向则按构造布置横向穿孔钢筋,拼缝处按构造布设防裂钢筋。这样的设计方法造成了强方向配筋过多、弱方向配筋不合理的问题。吴方伯等借助 Ansys 10.0 数值模拟,研究了叠合板双向受力效应的存在及变化规律。其研究表明:双向叠合板的跨度比小于或等于 2 时,弹性设计应考虑其双向受力效应,按双向板计算;双向叠合板的跨度比超过 2 时,弹性设计时就可按单向受力计算。混凝土双向板弹性设计方法是以板的弹性弯矩作为截面配筋依据,按照弹性方法计算挠度的。设计双向叠合板的思想同样如此。并且需求解双向叠合板的挠曲面基本微分方程,并依据跨度比和刚度比来编制弹性计算系数表。其工作量大、计算繁琐,不便于实际工程中采用。上述工程设计问题制约了双向叠合板的推广应用。因此,结合双向叠合板的受力特性,研究一种简便、可行的双向叠合板弹性计算方法是非常必要且很有意义的。

为解决考虑正交构造异性特征影响的双向叠合板的设计难题,本章从两种思路对双向叠合板简化弹性计算方法进行了研究。一种思路是通过对双向叠合板的解析解做形式变换,并与各向同性板的解析解做比较分析,得到了双向叠合板和各向同性板弹性计算系数的对应关系。另一种思路是直接从双向叠合板的挠曲面基本微分方程出发,依据正交各向异性板理论,采用坐标变换法,推导了双向叠合板与各向同性板挠度和内力的等效关系,得到了双向叠合板和等效的各向同性板在对应点上挠度和内力的对应关系。这两种思路有异曲同工之妙。其研究结果表明:通过修正双向叠合板强弱方向跨度,可以将双向叠合板等效为相应的各向同性板来计算。

在以上研究基础上,归纳得到了一种双向叠合板简化弹性计算方法。借鉴沈蒲生和梁兴文的研究思路,引入等效跨度比的概念,直接按照双向叠合板的等效跨度比,采用线性插值法,查用各向同性板的弹性计算系数表来简化双向叠合板的弹性计算过程。编程电算得到了均布荷载作用下刚度比为 0.5 和 2.0 以及等效跨度比为 0.5~1.0 的常见边界条件下双向叠合板的弹性计算系数,并与相应各向同性板的弹性计算系数表做了比较分析。

5.2　双向叠合板与各向同性板解析解关系研究

依据各向异性板理论,采用单三角级数法、荷载叠加法求解均布荷载作用下双向叠合板的挠曲面基本微分方程,再按照正交两个方向的跨度比和刚度比可计算得到双向叠合板的挠度及弯矩计算系数。下面讨论双向叠合板与各向同性板解析解的关系。

5.2.1　四边简支双向叠合板与各向同性板解析解的关系

5.2.1.1　板中心点挠度解析解的形式变换

均布荷载作用下四边简支双向叠合板中心点挠度解析解的形式如下:

$$w_{x=0,y=0}=a_{\mathrm{f}}\times\frac{ql_x^4}{D_x} \tag{5-1}$$

其中

$$a_{\mathrm{f}}=\frac{4}{\pi^5}\sum_{m=1,3,5,\cdots}^{\infty}\frac{(-1)^{\frac{m-1}{2}}}{m^5}\left(1-\frac{2+\alpha_m\tan h\alpha_m}{2\cos h\alpha_m}\right) \tag{5-2}$$

式中,a_{f}为四边简支双向叠合板中心点挠度计算系数。

对比同为四边简支的双向叠合板和各向同性板的中心点挠度计算式,可以发现:两者在形式上相同,区别在于式中参数 α_m 的取值不同。

对 $\alpha_m=\frac{m\pi rl_y}{2l_x}$ 做形式变换,可得 $\alpha_m=\frac{m\pi}{2}\frac{(rl_y)}{l_x}$。

由式(5-2)可知:a_f 等于 x、y 方向跨度分别为 l_x、rl_y 的四边简支各向同性板中心点挠度计算系数。

5.2.1.2　板中心点弯矩解析解的形式变换

(1)不考虑泊松比影响,x 方向四边简支双向叠合板中心点弯矩 M_x 解析解的形式如下:

$$M_x=m_x\times ql_x^2 \tag{5-3}$$

其中

$$m_x=\frac{4}{\pi^3}\sum_{m=1,3,5,\cdots}^{\infty}\frac{(-1)^{\frac{m-1}{2}}}{m^3}\left(1-\frac{2+\alpha_m\tan h\alpha_m}{2\cos h\alpha_m}\right) \tag{5-4}$$

式中,m_x 为四边简支双向叠合板的 x 方向板中心点弯矩计算系数。

对比同为四边简支的双向叠合板和各向同性双向板的 x 方向板中心点弯矩计算式,可以发现:两者在形式上相同,区别在于式中参数 α_m 的取值不同。

对 $\alpha_m=\frac{m\pi rl_y}{2l_x}$ 做形式变换,可得 $\alpha_m=\frac{m\pi}{2}\frac{(rl_y)}{l_x}$。

由式(5-4)可知:m_x 等于 x、y 方向跨度分别为 l_x、rl_y 的四边简支各向同性板的 x 方向板中心点弯矩计算系数。

(2)不考虑泊松比的影响,y 方向四边简支双向叠合板中心点弯矩 M_y 解析解的形式如下:

$$M_y=m_y\times q\left(\frac{l_x}{r}\right)^2 \tag{5-5}$$

其中

$$m_y = \frac{2}{\pi^3} \sum_{m=1,3,5,\cdots}^{\infty} \frac{(-1)^{\frac{m-1}{2}}}{m^3} \frac{\alpha_m \tan h\alpha_m}{\cos h\alpha_m} \tag{5-6}$$

式中，m_y 为四边简支双向叠合板的 y 方向板中心点弯矩计算系数。

对比同为四边简支的双向叠合板和各向同性板的 y 方向板中心点弯矩计算式，可以发现：两者在形式上相同，区别在于式中参数 α_m 的取值不同。

对 $\alpha_m = \frac{m\pi r l_y}{2 l_x}$ 做形式变换，可得 $\alpha_m = \frac{m\pi}{2} \frac{l_y}{(l_x / r)}$。

由式(5-6)可知：m_y 等于 x、y 方向跨度分别为 l_x / r、l_y 的四边简支各向同性板的 y 方向板中心点弯矩计算系数。

（3）若计入泊松比的影响，x、y 方向四边简支双向叠合板中心点弯矩解析解的形式如下：

$$M_x^{(\mu)} = M_x + \mu\lambda M_y \tag{5-7}$$

$$M_y^{(\mu)} = M_y + \frac{\mu}{\lambda} M_x \tag{5-8}$$

可见，考虑泊松比的影响，同为四边简支的双向叠合板和各向同性板的 x、y 方向板中心点弯矩计算式形式类似。

5.2.2　两对边简支另两对边固支双向叠合板与各向同性解析解的关系

5.2.2.1　板中心点挠度解析解的形式变换

均布荷载作用下两对边简支另两对边固支双向叠合板中心点挠度解析解的形式如下：

$$w_{x=0,y=0} = a_f \times \frac{q l_x^4}{D_x} \tag{5-9}$$

其中

$$a_f = \frac{4}{\pi^5} \sum_{m=1,3,5,\cdots}^{\infty} \frac{(-1)^{\frac{m-1}{2}}}{m^5} \left(1 - \frac{\alpha_m \cos h\alpha_m + \sin h\alpha_m}{\alpha_m + \sin h\alpha_m \cos h\alpha_m}\right) \tag{5-10}$$

式中，a_f 为两对边简支另两对边固支双向叠合板中心点挠度计算系数。

对比同为两对边简支另两对边固支的双向叠合板和各向同性板的中心点挠度计算式，可以发现：两者在形式上相同，区别在于式中参数 α_m 的取值不同。

对 $\alpha_m = \frac{m\pi r l_y}{2 l_x}$ 做形式变换，可得 $\alpha_m = \frac{m\pi}{2} \frac{(r l_y)}{l_x}$。

由式(5-10)可知：a_f 等于 x、y 方向跨度分别为 l_x、$r l_y$ 的两对边简支另两对边固支各向同性双向板的中心点挠度计算系数。

5.2.2.2　板中心点弯矩解析解的形式变换

（1）不考虑泊松比的影响，x 方向两对边简支另两对边固支双向叠合板中心弯矩 M_x 解析解的形式如下：

$$M_x = m_x \times q l_x^2 \tag{5-11}$$

其中

$$m_x = \frac{4}{\pi^3} \sum_{m=1,3,5,\cdots}^{\infty} \frac{(-1)^{\frac{m-1}{2}}}{m^3} \left(1 - \frac{\alpha_m \cos h\alpha_m + \sin h\alpha_m}{\alpha_m + \sin h\alpha_m \cos h\alpha_m}\right) \tag{5-12}$$

式中，m_x 为两对边简支另两对边固支双向叠合板的 x 方向板中心点弯矩计算系数。

对比同为两对边简支另两对边固支的双向叠合板和各向同性双向板的 x 方向板中心点弯矩计算式，可以发现：两者在形式上相同，区别在于式中参数 α_m 的取值不同。

对 $\alpha_m = \dfrac{m\pi r l_y}{2l_x}$ 做形式变换，可得 $\alpha_m = \dfrac{m\pi}{2}\dfrac{(rl_y)}{l_x}$。

由式（5-12）可知：m_x 等于 x、y 方向跨度分别为 l_x、rl_y 的两对边简支另两对边固支各向同性板的 x 方向板中心点弯矩计算系数。

（2）不考虑泊松比的影响，y 方向两对边简支另两对边固支双向叠合板中心弯矩 M_y 解析解的形式如下：

$$M_y = m_y \times q\left(\frac{l_x}{r}\right)^2 \tag{5-13}$$

其中

$$m_y = \frac{4}{\pi^3}\sum_{m=1,3,5,\cdots}^{\infty}\frac{(-1)^{\frac{m-1}{2}}}{m^3}\frac{\alpha_m\cos h\alpha_m - \sin h\alpha_m}{\alpha_m + \sin h\alpha_m\cos h\alpha_m} \tag{5-14}$$

式中，m_y 为两对边简支另两对边固支双向叠合板的 y 方向板中心点弯矩计算系数。

对比同为两对边简支另两对边固支的双向叠合板和各向同性板的 y 方向板中心点弯矩计算式，可以发现：两者在形式上相同，区别在于式中参数 α_m 的取值不同。

对 $\alpha_m = \dfrac{m\pi r l_y}{2l_x}$ 做形式变换，可得 $\alpha_m = \dfrac{m\pi}{2}\dfrac{l_y}{(l_x/r)}$。

由式（5-14）可知：m_y 等于 x、y 方向跨度分别为 l_x/r、l_y 的两对边简支另两对边固支各向同性板的 y 方向板中心点弯矩计算系数。

（3）若计入泊松比的影响，x、y 方向两对边简支另两对边固支双向叠合板中心点的弯矩解析解的形式如下：

$$M_x^{(\mu)} = M_x + \mu\lambda M_y \tag{5-15}$$

$$M_y^{(\mu)} = M_y + \frac{\mu}{\lambda}M_x \tag{5-16}$$

可见，考虑泊松比的影响，同为两对边简支另两对边固支的双向叠合板和各向同性板的 x、y 方向板中心点弯矩计算式形式类似。

5.2.2.3 固支边中心点负弯矩解析解的形式变换

两对边简支另两对边固支双向叠合板的固支边中点负弯矩 $M_{y'}$ 解析解的形式如下：

$$M_{y'} = m_{y'} \times q\left(\frac{l_x}{r}\right)^2 \tag{5-17}$$

其中

$$m_{y'} = \frac{4}{\pi^3}\sum_{m=1,3,5,\cdots}^{\infty}\frac{(-1)^{\frac{m-1}{2}}}{m^3}\frac{\alpha_m - \sin h\alpha_m\cos h\alpha_m}{\alpha_m + \sin h\alpha_m\cos h\alpha_m} \tag{5-18}$$

式中，$m_{y'}$ 为两对边简支另两对边固支双向叠合板的固支边中点负弯矩计算系数。

对比同为两对边简支另两对边固支的双向叠合板和各向同性板的固支边中点负弯矩计算式，可以发现：两者在形式上相同，区别在于式中参数 α_m 的取值不同。

对 $\alpha_m = \dfrac{m\pi r l_y}{2l_x}$ 做形式变换，可得 $\alpha_m = \dfrac{m\pi}{2}\dfrac{l_y}{(l_x/r)}$。

由式(5-18)可知：m_y 等于 x、y 方向跨度分别为 l_x/r、l_y 的两对边简支另两对边固支各向同性板的固支边中点负弯矩计算系数。

5.2.3　一边固支三边简支双向叠合板与各向同性板解析解的关系

5.2.3.1　板中心点挠度解析解的形式变换

当 $x=0$，$y=0$ 时，一边固支三边简支双向叠合板中心点挠度 $w_{x=0,y=0}$ 解析解的形式如下：

$$w_{x=0,y=0} = a_{\mathrm{f}} \times \frac{ql_x^4}{D_x} \tag{5-19}$$

其中

$$a_{\mathrm{f}} = \frac{4}{\pi^5} \sum_{m=1,3,5,\cdots}^{\infty} \frac{(-1)^{\frac{m-1}{2}}}{m^5} \left[1 + \frac{F_m}{2} \left(\frac{\alpha_m \tan h\alpha_m}{\cos h\alpha_m} \right) - \frac{2+\alpha_m \tan h\alpha_m}{2\cos h\alpha_m} \right] \tag{5-20}$$

式中，a_{f} 为一边固支三边简支双向叠合板的板中心点挠度系数。

对比同为一边固支三边简支的双向叠合板和各向同性板的中心点挠度计算式，可以发现：两者在形式上相同，区别在于式中参数 α_m 的取值不同。

对 $\alpha_m = \dfrac{m\pi r l_y}{2l_x}$ 做形式变换，可得 $\alpha_m = \dfrac{m\pi}{2} \dfrac{(rl_y)}{l_x}$。

由式(5.20)可知：a_{f} 等于 x、y 方向跨度分别为 l_x、rl_y 的一边固支三边简支各向同性板的中心点挠度计算系数。

5.2.3.2　板中心点弯矩解析解的形式变换

（1）不考虑泊松比的影响，x 方向一边固支三边简支双向叠合板中心点弯矩 M_x 解析解的形式如下：

$$M_x = m_x \times ql_x^2 \tag{5-21}$$

其中

$$m_x = \frac{4}{\pi^3} \sum_{m=1,3,5,\cdots}^{\infty} \frac{(-1)^{\frac{m-1}{2}}}{m^3} \left[1 + \frac{F_m}{2} \left(\frac{\alpha_m \tan h\alpha_m}{\cos h\alpha_m} \right) - \frac{2+\alpha_m \tan h\alpha_m}{2\cos h\alpha_m} \right] \tag{5-22}$$

式中，m_x 为一边固支三边简支双向叠合板的 x 方向板中心点弯矩计算系数。

对比同为一边固支三边简支的双向叠合板和各向同性板的 x 方向板中心点弯矩计算式，可以发现：两者在形式上相同，区别在于式中参数 α_m 的取值不同。

对 $\alpha_m = \dfrac{m\pi r l_y}{2l_x}$ 做形式变换，可得 $\alpha_m = \dfrac{m\pi}{2} \dfrac{(rl_y)}{l_x}$。

由式(5-22)可知：m_x 等于 x、y 方向跨度分别为 l_x、rl_y 的一边固支三边简支各向同性双向板的 x 方向板中心点弯矩计算系数。

（2）不考虑泊松比的影响，y 方向一边固支三边简支双向叠合板中心点弯矩 M_y 计算式如下：

$$M_y = m_y \times q \left(\frac{l_x}{r} \right)^2 \tag{5-23}$$

其中

$$m_y = \frac{4}{\pi^3} \sum_{m=1,3,5,\cdots}^{\infty} \frac{(-1)^{\frac{m-1}{2}}}{m^3} \left[\frac{\alpha_m \tan h\alpha_m}{2\cos h\alpha_m} - \frac{F_m}{2} \left(\frac{\alpha_m \tan h\alpha_m - 2}{\cos h\alpha_m} \right) \right] \tag{5-24}$$

式中，m_y 为一边固支三边简支双向叠合板的 y 方向板中心点弯矩弹性系数。

对比同为一边固支三边简支的双向叠合板和各向同性板的 y 方向板中心点弯矩计算式，可以发现：两者在形式上相同，区别在于式中参数 α_m 的取值不同。

对 $\alpha_m = \dfrac{m\pi r l_y}{2l_x}$ 做形式变换，可得 $\alpha_m = \dfrac{m\pi}{2}\dfrac{l_y}{(l_x/r)}$。

由式(5-24)可知：m_y 等于 x、y 方向跨度分别为 l_x/r、l_y 的一边固支三边简支各向同性双向板的 y 方向板中心点弯矩计算系数。

（3）若计入泊松比的影响，x、y 方向一边固支三边简支双向叠合板中心点的弯矩解析解的形式如下：

$$M_x^{(\mu)} = M_x + \mu\lambda M_y \tag{5-25}$$

$$M_y^{(\mu)} = M_y + \frac{\mu}{\lambda}M_x \tag{5-26}$$

可见，考虑泊松比的影响，同为一边固支三边简支的双向叠合板和各向同性板的 x、y 方向板中心点弯矩计算式形式类似。

5.2.3.3　一边固支三边简支双向叠合板的固支边中心点负弯矩解析解的形式变换

均布荷载下一边固支三边简支双向叠合板的固支边中点负弯矩 $M_{y'}$ 解析解的形式如下：

$$M_{y'} = m_{y'} \times q\left(\frac{l_x}{r}\right)^2 \tag{5-27}$$

其中

$$m_{y'} = \frac{8}{\pi^3}\sum_{m=1,3,5,\cdots}^{\infty}\frac{(-1)^{\frac{m-1}{2}}}{m^3}\frac{\tan h\alpha_m(\alpha_m\tan h\alpha_m + 1) - \alpha_m}{\alpha_m\tan h^2\alpha_m - \tan h\alpha_m + \alpha_m\cot h^2\alpha_m - \cot h\alpha_m - 2\alpha_m}$$

$$\tag{5-28}$$

式中，$m_{y'}$ 为一边固支三边简支双向叠合板的固支边中点负弯矩计算系数。

对比同为一边固支三边简支的双向叠合板和各向同性板的固支边中点负弯矩计算式，可以发现：两者在形式上相同，区别在于式中参数 α_m 的取值不同。

对 $\alpha_m = \dfrac{m\pi r l_y}{2l_x}$ 做形式变换，可得 $\alpha_m = \dfrac{m\pi}{2}\dfrac{l_y}{(l_x/r)}$。

由式(5-28)可知：$m_{y'}$ 等于 x、y 方向跨度分别为 l_x/r、l_y 的一边固支三边简支各向同性板的固支边中点负弯矩计算系数。

5.2.4　其他边界条件双向叠合板与相应各向同性板解析解的关系

由求解两对边简支另两对边固支、一边固支三边简支和四边固支双向叠合板的计算过程可知：依据各向异性板理论，采用单三角级数、荷载叠加法求解复杂边界双向叠合板是十分困难的。其计算过程繁琐、工作量大，相应解析解的形式变换也是不易得到的。所以，采用单三角级数法、荷载叠加法求解各种边界条件双向叠合板存在一定的局限性。本书仅推导了均布荷载作用下四边简支、两对边简支另两对边固支和一边固支三边简支双向叠合板解析解的形式变换，得到了相应双向叠合板和各向同性板的挠度及弯矩计算系数的关系。对于其他复杂边界双叠合板与各向同性板的解析解是否存在同样的关系呢？这个问题的答案是肯定的。其具体原理将在本章 5.4 节中进行阐述。

综上所述,边界条件相同条件下,x、y 方向跨度分别为 l_x、l_y 的双向叠合板和相应跨度的各向同性板的弹性计算系数存在以下关系:

(1)双向叠合板中心点挠度计算系数 a_f 等于 x、y 方向跨度分别为 l_x、rl_y 的各向同性板的中心点挠度计算系数。

(2)双向叠合板的 x 方向板中心点弯矩计算系数 m_x 等于 x、y 方向跨度分别为 l_x、rl_y 的各向同性板的 x 方向板中心点弯矩计算系数。

(3)双向叠合板的 y 方向板中心点弯矩弹性系数 m_y 等于 x、y 方向跨度分别为 l_x/r、l_y 的各向同性板的 y 方向板中心点弯矩计算系数。

(4)双向叠合板的固支边中点 x 方向负弯矩弹性计算系数 $m_{x'}$ 等于 x、y 方向跨度分别为 l_x、rl_y 的各向同性板的固支边中点 y 方向负弯矩计算系数。

(5)双向叠合板的固支边中点 y 方向负弯矩弹性计算系数 $m_{y'}$ 等于 x、y 方向跨度分别为 l_x/r、l_y 的各向同性板的固支边中点 y 方向负弯矩计算系数。

5.3 双向叠合板简化弹性计算方法研究

依据各向异性板理论,采用单三角级数法、荷载叠加法求解双向叠合板的挠曲面基本微分方程,可得到均布荷载作用下双向叠合板的解析解。但该方法计算过程繁琐,按照刚度比、跨度比编制计算系数表的工作量大,不便于工程设计应用。因此,研究一种简便实用的双向叠合板弹性计算方法是非常必要和有意义的。

由双向叠合板和各向同性板解析解的关系,得出一种由解析法得到的双向叠合板简化弹性计算法。这种方法的计算思路为:根据双向叠合板与各向同性双向板弹性计算系数的关系,修正双向叠合板的跨度,将其视为相应跨度的各向同性板,查用现有各向同性板的弹性计算系数表,从而简化双向叠合板的弹性计算过程。这种方法的具体计算过程将在本章 5.5 节、5.6 节中阐述。

5.4 双向叠合板与各向同性板等效关系研究

5.4.1 双向叠合板与各向同性板挠度的等效关系

如图 5-1 所示,双向叠合板采用 xOy 直角坐标系,相应的各向同性板采用 $x'O'y'$ 直角坐标系。$w(x,y)$ 表示双向叠合板上点 (x,y) 在均布荷载 $q(x,y)$ 作用下产生的挠度,$w'(x',y')$ 则表示各向同性板上点 (x',y') 在均布荷载 $q'(x',y')$ 作用下产生的挠度。

设 $D_x/D_y=\lambda$,$D_x=D$,则有:

$$D_y = \frac{1}{\lambda}D_x = \frac{1}{\lambda}D \tag{5-29}$$

$$B = \sqrt{D_x D_y} = \lambda^{-1/2}D \tag{5-30}$$

令 $w(x,y)=w'(x',y')$,将双向叠合板与各向同性板的坐标做如下变换:

$$x = x', y = ky' \tag{5-31}$$

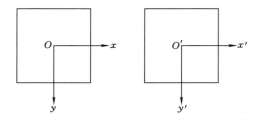

图 5-1 双向叠合板和各向同性板的直角坐标系

由式(5-31),分别可得:

$$\frac{\partial^4 w}{\partial x^4} = \frac{\partial^4 w'}{\partial x'^4} \tag{5-32}$$

$$\frac{\partial^4 w}{\partial y^4} = k^{-4} \frac{\partial^4 w'}{\partial y'^4} \tag{5-33}$$

$$\frac{\partial^4 w}{\partial x^2 y^2} = k^{-2} \frac{\partial^4 w'}{\partial x'^2 y'^2} \tag{5-34}$$

令 $q(x,y) = q'(x',y')$,将式(5-29)、式(5-30)、式(5-32)、式(5-33)、式(5-34)代入均布荷载作用下双向叠合板的挠曲面基本微分方程式(2-1)中,可得:

$$D \frac{\partial^4 w'}{\partial x'^4} + 2\lambda^{-1/2} k^{-2} D \frac{\partial^4 w'}{\partial x'^2 \partial y'^2} + \frac{k^{-4}}{\lambda} D \frac{\partial^4 w'}{\partial y'^4} = q'(x',y') \tag{5-35}$$

通过观察发现,若 $\lambda = k^{-4}$,则式(5-7)可化为:

$$D \frac{\partial^4 w'}{\partial x'^4} + 2D \frac{\partial^4 w'}{\partial x'^2 \partial y'^2} + D \frac{\partial^4 w'}{\partial y'^4} = q'(x',y') \tag{5-36}$$

易知,当 $k = \lambda^{-1/4}$ 时,式(5-36)则正好是抗弯刚度为 D、几何尺寸为 $x' = x$、$y' = \lambda^{1/4} y$ 的各向同性板在均布荷载 $q'(x',y')$ 作用下的挠度曲面所满足的微分方程。

由式(5-36)可知:几何尺寸为 x、y 的双向叠合板在均布荷载 $q(x,y)$ 作用下的挠度为 $w(x,y)$,当满足 $w(x,y) = w'(x',y')$ 时,则相应的等效各向同性板的几何尺寸为 $x' = x$、$y' = \lambda^{1/4} y$。

由此可见,等效各向同性板的挠度曲面与被等效的双向叠合板的挠度曲面是相似的,双向叠合板上点 (x,y) 与各向同性板上点 $(x, \lambda^{1/4} y)$ 的挠度相等。

5.4.2 双向叠合板与各向同性板内力的等效关系

5.4.2.1 板跨内截面内力的等效关系

不考虑泊松比的影响,双向叠合板跨内截面的内力计算式分别如下:

$$M_x = -D_x \left(\frac{\partial^2 w}{\partial x^2} \right) = -D \left(\frac{\partial^2 w}{\partial x^2} \right) = -D \left(\frac{\partial^2 w'}{\partial x'^2} \right) = M_{x'} \tag{5-37}$$

$$M_y = -D_y \left(\frac{\partial^2 w}{\partial y^2} \right) = -\frac{1}{\lambda} D \left(\frac{\partial^2 w}{\partial y^2} \right) = -\frac{k^{-2}}{\lambda} D \left(\frac{\partial^2 w'}{\partial y'^2} \right) = \lambda^{-1/2} M_{y'} \tag{5-38}$$

$$M_{xy} = -2D_t \left(\frac{\partial^2 w}{\partial x \partial y} \right) = -\lambda^{-1/2} k^{-1} D \left(1 - \sqrt{\mu_x \mu_y} \right) \left(\frac{\partial^2 w'}{\partial x' \partial y'} \right)$$

$$= -\lambda^{-1/4} \left[D \left(1 - \mu' \right) \left(\frac{\partial^2 w'}{\partial x' \partial y'} \right) \right] = \lambda^{-1/4} M_{x'y'} \tag{5-39}$$

其中

$$\mu' = \sqrt{\mu_x \mu_y} \tag{5-40}$$

由于板的平衡方程与弹性常数无关,因此双向叠合板与各向同性板的平衡方程相同,则有:

$$\frac{\partial^2 M_x}{\partial x^2} + 2\frac{\partial^2 M_{xy}}{\partial x \partial y} + \frac{\partial^2 M_y}{\partial y^2} + q = 0 \tag{5-41}$$

由式(5-37)、式(5-38)、式(5-39)分别可得:

$$\frac{\partial^2 M_x}{\partial x^2} = \frac{\partial^2 M_{x'}}{\partial x'^2} \tag{5-42}$$

$$\frac{\partial^2 M_y}{\partial y^2} = \frac{\partial^2 M_{y'}}{\partial y'^2} \tag{5-43}$$

$$\frac{\partial^2 M_{xy}}{\partial x \partial y} = \frac{\partial^2 M_{x'y'}}{\partial x' \partial y'} \tag{5-44}$$

将式(5-42)、式(5-43)、式(5-44)代入式(5-41)中,可得:

$$\frac{\partial^2 M_{x'}}{\partial x'^2} + 2\frac{\partial^2 M_{x'y'}}{\partial x' \partial y'} + \frac{\partial^2 M_{y'}}{\partial y'^2} + q = 0 \tag{5-45}$$

由式(5-45)表明:按式(5-37)、式(5-38)、式(5-39)计算得到的等效各向同性板内力满足各向同性板的平衡方程。

由式(5-37)、式(5-38)、式(5-39)可知,双向叠合板点(x,y)与等效的各向同性板点$(x,\lambda^{1/4}y)$的内力存在以下对应关系:

$$M_x = M_{x'} \tag{5-46}$$

$$M_y = \lambda^{-1/2} M_{y'} \tag{5-47}$$

$$M_{xy} = \lambda^{-1/4} M_{x'y'} \tag{5-48}$$

若考虑泊松比的影响,即$\mu \neq 0$时,考虑双向弯曲对两个方向板带弯矩的相互影响,双向叠合板点(x,y)与等效的各向同性板点$(x,\lambda^{1/4}y)$的内力存在以下对应关系:

$$M_x^{(\mu)} = M_x + \mu\lambda M_y = M_{x'} + \mu\lambda^{1/2} M_{y'} \tag{5-49}$$

$$M_y^{(\mu)} = M_y + \frac{\mu}{\lambda} M_x = \lambda^{-1/2} M_{y'} + \frac{\mu}{\lambda} M_{x'} \tag{5-50}$$

5.4.2.2　支座截面弯矩的等效关系

对于支座截面弯矩,不存在两个方向板带弯矩的相互影响。非简支边界条件下,双向叠合板与等效的各向同性板固支边弯矩存在以下对应关系:

$$M_{x'} = M_{x''} \tag{5-51}$$

$$M_{y'} = \lambda^{-1/2} M_{y''} \tag{5-52}$$

5.5　双向叠合板等效各向同性板计算方法研究

在图 5-1 所示的直角坐标系中,设双向叠合板 x、y 方向的跨度分别为 l_x、l_y,各向同性板 x'、y' 方向的跨度分别为 $l_{x'}$、$l_{y'}$。根据前面的等效关系,相应的等效各向同性板与双向叠合板的几何尺寸关系为:$l_{x'} = l_x$、$l_{y'} = \lambda^{1/4} l_y$。

令

$$r = \left(\frac{D_x}{D_y}\right)^{1/4} = \lambda^{1/4} \tag{5-53}$$

则

$$l_{x'} = l_x , l_{y'} = r l_y \tag{5-54}$$

根据双向叠合板与各向同性双向板的等效关系,均布荷载作用下双向叠合板等效各向同性板的计算方法如下:

(1) 双向叠合板中心点挠度等于等效各向同性板中心点的挠度。其计算式如下:

$$(w)_{x=0,y=0} = (w')_{x=0,y=0} \tag{5-55}$$

将双向叠合板中心点挠度计算式化成与各向同性板中心点挠度计算式相同的形式,则有:

$$(w)_{x=0,y=0} = a_f \times \frac{q l_x^4}{D_x} \tag{5-56}$$

式中,a_f 为均布荷载作用下双向叠合板的中心点挠度计算系数。

(2) 双向叠合板在 x 方向板中心点弯矩等于等效各向同性板在 x 方向板中心点单位板宽内的弯矩。其计算式如下:

$$(M_x)_{x=0,y=0} = (M_{x'})_{x=0,y=0} \tag{5-57}$$

将双向叠合板 x 方向板中心点弯矩计算式化成与各向同性板 x 方向板中心点弯矩计算式相同的形式,则有:

$$(M_x)_{x=0,y=0} = m_x \times q l_x^2 \tag{5-58}$$

式中,m_x 为均布荷载作用下双向叠合板的 x 方向板中心点弯矩计算系数。

(3) 双向叠合板在 y 方向板中心点弯矩等于等效各向同性板在 y 方向板中心点单位板宽内的 $\frac{1}{r^2}$ 倍弯矩。其计算式如下:

$$(M_y)_{x=0,y=0} = \frac{1}{r^2} (M_{y'})_{x=0,y=0} \tag{5-59}$$

将双向叠合板 y 方向板中心点弯矩计算式化成与各向同性板 y 方向板中心点弯矩计算式相同的形式,则有:

$$(M_y)_{x=0,y=0} = m_y \times q \left(\frac{l_x}{r}\right)^2 \tag{5-60}$$

式中,m_y 为均布荷载作用下双向叠合板的 y 方向板中心点弯矩计算系数。

(4) 双向叠合板沿 x 方向固支边中点弯矩等于等效各向同性双向板固支边中点沿 x 方向单位板宽内的弯矩。其计算式如下:

$$(M_{x'})_{x=0,y=0} = (M_{x''})_{x=0,y=0} \tag{5-61}$$

将双向叠合板 x 方向固支边中点弯矩计算式化成与各向同性板 x 方向固支边中点弯矩计算式相同的形式,则有:

$$(M_{x'})_{x=0,y=0} = m_{x'} \times q l_x^2 \tag{5-62}$$

式中,$m_{x'}$ 为均布荷载作用下双向叠合板的 x 方向固支边中点弯矩计算系数。

(5) 双向叠合板沿 y 方向固支边中点弯矩等于等效各向同性双向板固支边中点沿 y 方

向单位板宽内的 $\frac{1}{r^2}$ 倍弯矩。其计算式如下：

$$(M_{y'})_{x=0,y=0} = \frac{1}{r^2}(M_{y''})_{x=0,y=0} \tag{5-63}$$

将双向叠合板 y 方向固支边中点弯矩计算式化成与各向同性板 y 方向固支边中点弯矩计算式相同的形式，则有：

$$(M_{y'})_{x=0,y=0} = m_{y'} \times q\left(\frac{l_x}{r}\right)^2 \tag{5-64}$$

式中，$m_{y'}$ 为均布荷载下双向叠合板的 y 方向固支边中点弯矩计算系数。

5.6　单区格双向叠合板简化弹性计算方法研究

双向叠合板正交两个方向的刚度不同且差别较大，呈正交构造异性板特征。因此，双向叠合板弹性设计时不能直接沿用钢筋混凝土现浇双向板的弹性计算系数，必须对其重新计算。依据正交各向异性板理论，利用单三角级数法求解均布荷载作用下双向叠合板的挠曲面基本微分方程，再按照正交两个方向的跨度比和刚度比可计算得到双向叠合板的弹性计算系数。但是，这种方法计算过程繁琐、工作量大，非简支边界条件下的求解更是复杂，不便于实际工程采用。

针对以上问题，参考组合楼板设计与施工规范所提到的方法，结合双向叠合板与各向同性双向板的等效关系，引入等效跨度比 λ_e，修正双向叠合板的跨度，将其等效为各向同性双向板来计算，从而简化双向叠合板的弹性计算过程。在双向叠合板直角坐标系中，本节取 x 方向为强方向、y 方向为弱方向，x、y 方向的跨度分别为 l_x、l_y。双向叠合板的等效跨度比 λ_e 定义如下：

$$\lambda_e = \frac{l_x}{r l_y} \tag{5-65}$$

或

$$\lambda_e = \frac{l_x / r}{l_y} \tag{5-66}$$

5.6.1　四边简支双向叠合板简化弹性计算方法研究

在四边简支双向叠合板直角坐标系中，本节取 x 方向为强方向、y 方向为弱方向，x、y 方向的跨度分别为 l_x、l_y。计算强边方向弯矩 M_x 时，强边跨度不变，弱边方向等效跨度取 $r l_y$，按各向同性双向板计算 M_x；计算弱边方向弯矩 M_y 时，强边方向等效跨度取 l_x/r，弱边跨度不变，按各向同性双向板计算 M_y。

均布荷载作用下四边简支双向叠合板中心点挠度与 x、y 方向板中心点弯矩弹性计算系数的计算方法如下：

（1）四边简支双向叠合板中心点挠度计算系数等于 x、y 方向跨度分别为 l_x、$r l_y$ 的等效各向同性板中心点的挠度计算系数。其计算简图如图 5-2(a) 所示。

（2）四边简支双向叠合板沿 x 方向板中心点弯矩计算系数等于 x、y 方向跨度分别为 l_x、$r l_y$ 的等效各向同性板中心点沿 x 方向单位板宽内的弯矩。其计算简图如图 5-2(a)

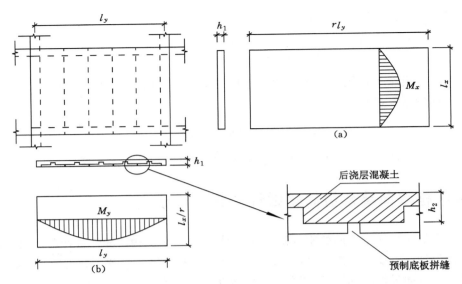

图 5-2 四边简支双向叠合板的计算简图

（a）强边方向的弯矩及板中心点挠度；（b）弱边方向的弯矩

所示。

（3）四边简支双向叠合板沿 y 方向的板中心点弯矩计算系数等于 x、y 方向跨度分别为 l_x/r、l_y 的等效各向同性板中心点沿 y 方向单位板宽内的弯矩。其计算简图如图 5-2(b) 所示。

均布荷载作用下四边简支双向叠合板中心点的挠度、弯矩计算系数的级数解，可通过编制程序进行电算。例如，取 $\lambda=0.5$ 和 $\lambda=2.0$ 时，依据各弹性计算系数计算式编制程序进行电算，且每个级数均取 100 项，可求得均布荷载作用下四边简支双向叠合板等效跨度比为 $0.5\sim1.0$ 的弹性计算系数。其具体结果见表 5-1、表 5-2。

这样计算得到等效跨度比 λ_e 后，便可以采用线性插值法查用均布荷载作用下四边简支双向叠合板的弹性计算系数表，以简化均布荷载作用下四边简支双向叠合板的弹性计算过程。

表 5-1 四边简支双向叠合板的弹性计算系数（$\lambda=0.5$）

l_x/l_y	λ_e	a_f	m_x	m_y
0.594 60	0.50	0.010 13	0.096 5	0.017 4
0.654 06	0.55	0.009 40	0.089 2	0.021 0
0.713 52	0.60	0.008 67	0.082 0	0.024 2
0.772 98	0.65	0.007 96	0.075 0	0.027 1
0.832 44	0.70	0.007 27	0.068 3	0.029 6
0.891 91	0.75	0.006 63	0.062 0	0.031 7
0.951 37	0.80	0.006 03	0.056 1	0.033 4
1.010 83	0.85	0.005 47	0.050 6	0.034 8
1.070 29	0.90	0.004 96	0.045 6	0.035 3

表 5-1(续)

l_x/l_y	λ_e	a_f	m_x	m_y
1.129 75	0.95	0.004 49	0.041 0	0.036 4
1.189 21	1.00	0.004 06	0.036 8	0.036 8

注:① 本表中预制带肋底板沿 y 方向布置;② 按等效跨度比查表时,x 方向为短跨方向,y 方向为长跨方向;③ $w=$ 表中系数 $\times ql_x^4/D_x$,$M_x=$ 表中系数 $\times ql_x^2$,$M_y=$ 表中系数 $\times ql_x^2/r^2$。

表 5-2　四边简支双向叠合板的弹性计算系数($\lambda = 2.0$)

l_x/l_y	λ_e	a_f	m_x	m_y
0.420 45	0.50	0.010 13	0.096 5	0.017 4
0.462 49	0.55	0.009 40	0.089 2	0.021 0
0.504 54	0.60	0.008 67	0.082 0	0.024 2
0.546 58	0.65	0.007 96	0.075 0	0.027 1
0.588 63	0.70	0.007 27	0.068 3	0.029 6
0.630 67	0.75	0.006 63	0.062 0	0.031 7
0.672 72	0.80	0.006 03	0.056 1	0.033 4
0.714 76	0.85	0.005 47	0.050 6	0.034 8
0.756 81	0.90	0.004 96	0.045 6	0.035 3
0.798 86	0.95	0.004 49	0.041 0	0.036 4
0.840 90	1.00	0.004 06	0.036 8	0.036 8

注:① 本表中预制带肋底板沿 x 方向布置;② 按等效跨度比查表时,x 方向为短跨方向,y 方向为长跨方向;③ $w=$ 表中系数 $\times ql_x^4/D_x$,$M_x=$ 表中系数 $\times ql_x^2$,$M_y=$ 表中系数 $\times ql_x^2/r^2$。

　　为便于进一步比较分析,列出沈蒲生和梁兴文研究所给出的均布荷载作用下四边简支双向叠合板的弹性计算系数。其具体结果见表 5-3。

　　与表 5-1、表 5-2 对比分析可知,对于四边简支双向叠合板,在刚度比不同而等效跨度比相等时,虽然实际跨度比不同,但是各项弹性计算系数是相等的。据此可以得出:本节提出的双向叠合板简化弹性计算方法是合理且可行的。

表 5-3　四边简支双向叠合板的弹性计算系数

l_x/l_y	a_f	m_x	m_y
0.50	0.010 13	0.096 5	0.017 4
0.55	0.009 40	0.089 2	0.021 0
0.60	0.008 67	0.082 0	0.024 2
0.65	0.007 96	0.075 0	0.027 1
0.70	0.007 27	0.068 3	0.029 6
0.75	0.006 63	0.062 0	0.031 7
0.80	0.006 03	0.056 1	0.033 4

表 5-3(续)

l_x/l_y	a_f	m_x	m_y
0.85	0.005 47	0.050 6	0.034 8
0.90	0.004 96	0.045 6	0.035 3
0.95	0.004 49	0.041 0	0.036 4
1.00	0.004 06	0.036 8	0.036 8

注:$w=$表中系数$\times ql_x^4/D$,$M_x=$表中系数$\times ql_x^2$,$M_y=$表中系数$\times ql_x^2$。

5.6.2 两对边简支另两对边固支双向叠合板的简化弹性计算方法

在两对边简支另两对边固支双向叠合板直角坐标系中,本节取 x 方向为强方向、y 方向为弱方向,x、y 方向的跨度分别为 l_x、l_y。计算强边方向弯矩 M_x 时,强边跨度不变,弱边方向等效跨度取 rl_y,按各向同性双向板计算 M_x;计算弱边方向弯矩 M_y 时,强边方向等效跨度取 l_x/r,弱边跨度不变,按各向同性双向板计算 M_y。

均布荷载作用下两对边简支另两对边固支双向叠合板的弹性计算系数的计算方法如下:

(1)两对边简支另两对边固支双向叠合板中心点挠度计算系数等于 x、y 方向跨度分别为 l_x、rl_y 的等效各向同性板中心点的挠度计算系数。其计算简图如图 5-3(a)所示。

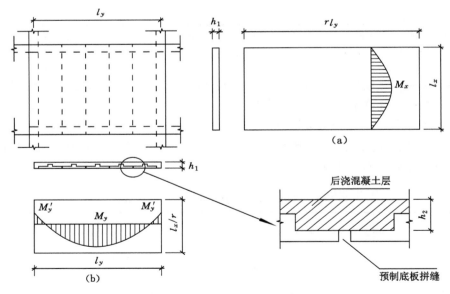

图 5-3 两对边简支另两对边固支双向叠合板的计算简图
(a)强边方向的弯矩及板中心点挠度;(b)弱边方向的弯矩

(2)两对边简支另两对边固支双向叠合板沿 x 方向板中心点弯矩计算系数等于 x、y 方向跨度分别为 l_x、rl_y 的等效各向同性板在 x 方向板中心点单位板宽内的弯矩。其计算简图如图 5-3(a)所示。

（3）两对边简支另两对边固支双向叠合板沿 y 方向的板中心点弯矩计算系数等于 x、y 方向跨度分别为 l_x/r、l_y 的等效各向同性板在 y 方向板中心点单位板宽内的弯矩。其计算简图如图 5-3(b) 所示。

（4）两对边简支另两对边固支双向叠合板沿 y 方向固支边中点负弯矩计算系数等于 x、y 方向跨度分别为 l_x/r、l_y 的等效各向同性板固支边沿 y 方向单位板宽内的弯矩。其计算简图如图 5-3(b) 所示。

均布荷载作用下两对边简支另两对边固支双向叠合板中心点的挠度、弯矩和固支边中点负弯矩计算系数的级数解，可通过编制程序进行电算。例如，取 $\lambda=0.5$ 和 $\lambda=2.0$ 时，依据各弹性计算系数计算式编制程序进行电算，且每个级数均取 100 项，可得到均布荷载作用下两对边简支另两对边固支双向叠合板等效跨度比为 0.5～1.0 时的弹性计算系数。其具体结果见表 5-4、表 5-5。

表 5-4　两对边简支另两对边固支双向叠合板的弹性计算系数（$\lambda=0.5$）

l_y/l_x	l_x/l_y	λ_e	λ_e	a_f	m_x	m_y	$m_{y'}$
0.420 45	—	0.50	—	0.002 61	0.001 7	0.041 6	−0.084 3
0.462 49	—	0.55	—	0.002 59	0.002 8	0.041 0	−0.084 0
0.504 54	—	0.60	—	0.002 55	0.004 2	0.040 2	−0.084 3
0.546 58	—	0.65	—	0.002 50	0.005 7	0.039 2	−0.082 6
0.588 63	—	0.70	—	0.002 43	0.007 2	0.037 9	−0.081 4
0.630 67	—	0.75	—	0.002 36	0.008 8	0.036 6	−0.079 9
0.672 72	—	0.80	—	0.002 28	0.010 3	0.035 1	−0.078 2
0.714 76	—	0.85	—	0.002 20	0.011 8	0.033 5	−0.076 3
0.756 81	—	0.90	—	0.002 11	0.013 3	0.031 9	−0.074 3
0.798 85	—	0.95	—	0.002 01	0.0146	0.030 2	−0.072 1
0.840 90	0.840 90	1.00	1.00	0.001 92	0.015 8	0.028 5	−0.069 8
—	0.798 85	—	0.95	0.002 23	0.018 9	0.029 6	−0.074 6
—	0.756 81	—	0.90	0.002 60	0.022 4	0.030 6	−0.079 7
—	0.714 76	—	0.85	0.003 03	0.026 6	0.031 4	−0.085 0
—	0.672 72	—	0.80	0.003 54	0.031 6	0.031 9	−0.090 4
—	0.630 67	—	0.75	0.004 13	0.037 4	0.032 1	−0.095 9
—	0.588 63	—	0.70	0.004 82	0.044 1	0.031 8	−0.101 3
—	0.546 58	—	0.65	0.005 60	0.051 8	0.030 8	−0.106 6
—	0.504 54	—	0.60	0.006 47	0.060 4	0.029 2	−0.111 4
—	0.462 49	—	0.55	0.007 43	0.069 8	0.026 7	−0.115 6
—	0.420 45	—	0.50	0.008 44	0.079 8	0.023 4	−0.119 1

注：① 本表中预制带肋底板均沿 y 方向布置；② 当根据表中第 1 列跨度比与第 3 列等效跨度比进行查表时，y 方向为短跨方向，x 方向为长跨方向；③ 当根据表中第 2 列跨度比与第 4 列等效跨度比进行查表时，x 方向为短跨方向，y 方向为长跨方向；④ $w=$ 表中系数 $\times ql_0^4/D_x$，$M_x=$ 表中系数 $\times ql_0^2$，$M_y=$ 表中系数 $\times ql_0^2/r^2$，$M_{y'}=$ 表中系数 $\times ql_0^2/r^2$，l_0 取 l_x 和 l_y 中的较小值。

表 5-5　两对边简支另两对边固支双向叠合板的弹性计算系数（λ＝2.0）

l_y/l_x	l_x/l_y	λ_e	λ_e	a_f	m_x	m_y	$m_{y'}$
0.594 60	—	0.50	—	0.002 61	0.001 7	0.041 6	−0.084 3
0.654 06	—	0.55	—	0.002 59	0.002 8	0.041 0	−0.084 0
0.713 52	—	0.60	—	0.002 55	0.004 2	0.040 2	−0.084 3
0.772 98	—	0.65	—	0.002 50	0.005 7	0.039 2	−0.082 6
0.832 44	—	0.70	—	0.002 43	0.007 2	0.037 9	−0.081 4
0.891 91	—	0.75	—	0.002 36	0.008 8	0.036 6	−0.079 9
0.951 37	—	0.80	—	0.002 28	0.010 3	0.035 1	−0.078 2
1.010 83	—	0.85	—	0.002 20	0.011 8	0.033 5	−0.076 3
1.070 29	—	0.90	—	0.002 11	0.013 3	0.031 9	−0.074 3
1.129 75	—	0.95	—	0.002 01	0.014 6	0.030 2	−0.072 1
1.189 21	1.189 21	1.00	1.00	0.001 92	0.015 8	0.028 5	−0.069 8
—	1.129 75	—	0.95	0.002 23	0.018 9	0.029 6	−0.074 6
—	1.070 29	—	0.90	0.002 60	0.022 4	0.030 6	−0.079 7
—	1.010 83	—	0.85	0.003 03	0.026 6	0.031 4	−0.085 0
—	0.951 37	—	0.80	0.003 54	0.031 6	0.031 9	−0.090 4
—	0.891 91	—	0.75	0.004 13	0.037 4	0.032 1	−0.095 9
—	0.832 44	—	0.70	0.004 82	0.044 1	0.031 8	−0.101 3
—	0.772 98	—	0.65	0.005 60	0.051 8	0.030 8	−0.106 6
—	0.713 52	—	0.60	0.006 47	0.060 4	0.029 2	−0.111 4
—	0.654 06	—	0.55	0.007 43	0.069 8	0.026 7	−0.115 6
—	0.594 60	—	0.50	0.008 44	0.079 8	0.023 4	−0.119 1

注：① 本表中预制带肋底板均沿 x 方向布置；② 当根据表中第 1 列跨度比与第 3 列等效跨度比进行查表时，y 方向为短跨方向，x 方向为长跨方向；③ 当根据表中第 2 列跨度比与第 4 列等效跨度比进行查表时，x 方向为短跨方向，y 方向为长跨方向；④ $w＝$表中系数 $\times ql_0^4/D_x$，$M_x＝$表中系数 $\times ql_0^2$，$M_y＝$表中系数 $\times ql_0^2/r^2$，$M_{y'}＝$表中系数 $\times ql_0^2/r^2$，l_0 取 l_x 和 l_y 中的较小值。

　　这样计算得到等效跨度比 λ_e 后，便可以采用线性插值法查用均布荷载作用下两对边简支另两对边固支双向板的弹性计算系数表，以简化均布荷载作用下两对边简支另两对边固支双向叠合板的弹性计算过程。

　　为便于进一步比较分析，列出沈蒲生和梁兴文研究所给出的均布荷载作用下两对边简支另两对边固支双向叠合板的弹性计算系数。其具体结果见表 5-6。

表 5-6　两对边简支另两对边固支双向叠合板的弹性计算系数

l_y/l_x	l_x/l_y	a_f	m_x	m_y	$m_{y'}$
0.50	—	0.002 61	0.001 7	0.041 6	−0.084 3
0.55	—	0.002 59	0.002 8	0.041 0	−0.084 0
0.60	—	0.002 55	0.004 2	0.040 2	−0.084 3
0.65	—	0.002 50	0.005 7	0.039 2	−0.082 6
0.70	—	0.002 43	0.007 2	0.037 9	−0.081 4
0.75	—	0.002 36	0.008 8	0.036 6	−0.079 9
0.80	—	0.002 28	0.010 3	0.035 1	−0.078 2
0.85	—	0.002 20	0.011 8	0.033 5	−0.076 3
0.90	—	0.002 11	0.013 3	0.031 9	−0.074 3
0.95	—	0.002 01	0.014 6	0.030 2	−0.072 1
1.00	1.00	0.001 92	0.015 8	0.028 5	−0.069 8
—	0.95	0.002 23	0.018 9	0.029 6	−0.074 6
—	0.90	0.002 60	0.022 4	0.030 6	−0.079 7
—	0.85	0.003 03	0.026 6	0.031 4	−0.085 0
—	0.80	0.003 54	0.031 6	0.031 9	−0.090 4
—	0.75	0.004 13	0.037 4	0.032 1	−0.095 9
—	0.70	0.004 82	0.044 1	0.031 8	−0.101 3
—	0.65	0.005 60	0.051 8	0.030 8	−0.106 6
—	0.60	0.006 47	0.060 4	0.029 2	−0.111 4
—	0.55	0.007 43	0.069 8	0.026 7	−0.115 6
—	0.50	0.008 44	0.079 8	0.023 4	−0.1191

注：w＝表中系数$\times ql_0^4/D_x$，M_x＝表中系数$\times ql_0^2$，M_y＝表中系数$\times ql_0^2/r^2$，$M_{y'}$＝表中系数$\times ql_0^2/r^2$，l_0 取 l_x 和 l_y 中的较小值。

　　与表 5-4、表 5-5 对比分析可知，对于两对边简支另两对边固支双向叠合板，刚度比不同而等效跨度比相等时，虽然实际跨度比不同，但是各项弹性计算系数是相等的。据此可以得出：本节提出的双向叠合板简化弹性计算方法是合理且可行的。

5.6.3　一边固支三边简支双向叠合板的简化弹性计算方法

　　在一边固支三边简支双向叠合板直角坐标系中，本节取 x 方向为强方向、y 方向为弱方向，x、y 方向的跨度分别为 l_x、l_y。计算强边方向弯矩 M_x 时，强边跨度不变，弱边方向等

效跨度取 rl_y，按各向同性双向板计算 M_x；计算弱边方向弯矩 M_y 时，强边方向等效跨度取 l_x/r，弱边跨度不变，按各向同性双向板计算 M_y。

均布荷载作用下一边固支三边简支双向叠合板的弹性计算系数的计算方法如下：

（1）一边固支三边简支双向叠合板中心点挠度计算系数等于 x、y 方向跨度分别为 l_x、rl_y 的等效各向同性板中心点的挠度计算系数。其计算简图如图 5-4(a)所示。

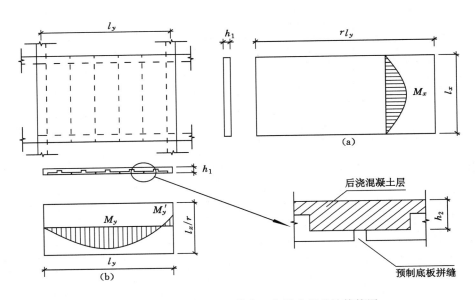

图 5-4　一边固支三边简支双向叠合板的计算简图
(a)强边方向的弯矩及板中心点挠度；(b)弱边方向的弯矩

（2）一边固支三边简支双向叠合板沿 x 方向板中心点弯矩计算系数等于 x、y 方向跨度分别为 l_x、rl_y 的等效各向同性板沿 x 方向板中心点单位板宽内的弯矩。其计算简图如图 5-4(a)所示。

（3）一边固支三边简支双向叠合板沿 y 方向的板中心点弯矩计算系数等于 x、y 方向跨度分别为 l_x/r、l_y 的等效各向同性板沿 y 方向板中心点单位板宽内的弯矩。其计算简图如图 5-4(b)所示。

（4）一边固支三边简支双向叠合板沿 y 方向固支边中点负弯矩计算系数等于 x、y 方向跨度分别为 l_x/r、l_y 的等效各向同性板固支边沿 y 方向单位板宽内的弯矩。其计算简图如图 5-4(b)所示。

均布荷载作用下一边固支三边简支双向叠合板中心点的挠度、弯矩和固支边中点负弯矩的计算系数的级数解，可通过编制程序进行电算。例如，取 $\lambda=0.5$ 和 $\lambda=2.0$ 时，依据各弹性计算系数计算式编制程序进行电算，且每个级数均取 100 项，可得到均布荷载作用下一边固支三边简支双向叠合板等效跨度比为 0.5～1.0 的弹性计算系数。其具体结果见表 5-7、表 5-8。

表 5-7　一边固支三边简支双向叠合板的弹性计算系数($\lambda=0.5$)

l_y/l_x	l_x/l_y	λ_e	λ_e	a_f	m_x	m_y	$m_{y'}$
0.420 45	—	0.50	—	0.004 88	0.006 0	0.058 8	−0.121 2
0.462 49	—	0.55	—	0.004 71	0.008 1	0.056 3	−0.118 7
0.504 54	—	0.60	—	0.004 53	0.010 4	0.053 9	−0.115 8
0.546 58	—	0.65	—	0.004 32	0.012 6	0.051 3	−0.112 4
0.588 63	—	0.70	—	0.004 10	0.014 8	0.048 5	−0.108 7
0.630 67	—	0.75	—	0.003 88	0.016 8	0.045 7	−0.104 8
0.672 72	—	0.80	—	0.003 65	0.018 7	0.042 8	−0.100 7
0.714 76	—	0.85	—	0.003 43	0.020 4	0.040 0	−0.096 5
0.756 81	—	0.90	—	0.003 21	0.021 9	0.037 2	−0.092 2
0.798 85	—	0.95	—	0.002 99	0.023 2	0.034 5	−0.088 0
0.840 90	0.840 90	1.00	1.00	0.002 79	0.024 3	0.031 8	−0.083 9
—	0.798 85	—	0.95	0.003 16	0.028 0	0.032 4	−0.088 2
—	0.756 81	—	0.90	0.003 60	0.032 2	0.032 8	−0.092 6
—	0.714 76	—	0.85	0.004 09	0.037 0	0.032 9	−0.097 0
—	0.672 72	—	0.80	0.004 64	0.042 4	0.032 6	−0.101 4
—	0.630 67	—	0.75	0.005 26	0.048 5	0.031 9	−0.105 6
—	0.588 63	—	0.70	0.005 95	0.055 3	0.030 8	−0.109 6
—	0.546 58	—	0.65	0.006 70	0.062 7	0.029 1	−0.113 3
—	0.504 54	—	0.60	0.007 52	0.070 7	0.026 8	−0.116 6
—	0.462 49	—	0.55	0.008 38	0.079 2	0.023 9	−0.119 3
—	0.420 45	—	0.50	0.009 27	0.088 0	0.020 5	−0.121 5

注：① 本表中预制带肋底板均沿 y 方向布置；② 当根据表中第 1 列跨度比与第 3 列等效跨度比进行查表时，y 方向为短跨方向，x 方向为长跨方向；③ 当根据表中第 2 列跨度比与第 4 列等效跨度比进行查表时，x 方向为短跨方向，y 方向为长跨方向；④ $w=$ 表中系数$\times ql_0^4/D_x$，$M_x=$ 表中系数$\times ql_0^2$，$M_y=$ 表中系数$\times ql_0^2/r^2$，$M_{y'}=$ 表中系数$\times ql_0^2/r^2$，l_0 取 l_x 和 l_y 中的较小值。

表 5-8　一边固支三边简支双向叠合板的弹性计算系数($\lambda=2.0$)

l_y/l_x	l_x/l_y	λ_e	λ_e	a_f	m_x	m_y	$m_{y'}$
0.594 60	—	0.50	—	0.004 88	0.006 0	0.058 8	−0.121 2
0.654 06	—	0.55	—	0.004 71	0.008 1	0.056 3	−0.118 7

表 5-8（续）

l_y/l_x	l_x/l_y	λ_e	λ_e	a_f	m_x	m_y	$m_{y'}$
0.713 52	—	0.60	—	0.004 53	0.010 4	0.053 9	−0.115 8
0.772 98	—	0.65	—	0.004 32	0.012 6	0.051 3	−0.112 4
0.832 44	—	0.70	—	0.004 10	0.014 8	0.048 5	−0.108 7
0.891 91	—	0.75	—	0.003 88	0.016 8	0.045 7	−0.104 8
0.951 37	—	0.80	—	0.003 65	0.018 7	0.042 8	−0.100 7
1.010 83	—	0.85	—	0.003 43	0.020 4	0.040 0	−0.096 5
1.070 29	—	0.90	—	0.003 21	0.021 9	0.037 2	−0.092 2
1.129 75	—	0.95	—	0.002 99	0.023 2	0.034 5	−0.088 0
1.189 21	1.189 21	1.00	1.00	0.002 79	0.024 3	0.031 8	−0.083 9
—	1.129 75	—	0.95	0.003 16	0.028 0	0.032 4	−0.088 2
—	1.070 29	—	0.90	0.003 60	0.032 2	0.032 8	−0.092 6
—	1.010 83	—	0.85	0.004 09	0.037 0	0.032 9	−0.097 0
—	0.951 37	—	0.80	0.004 64	0.042 4	0.032 6	−0.101 4
—	0.891 91	—	0.75	0.005 26	0.048 5	0.031 9	−0.105 6
—	0.832 44	—	0.70	0.005 95	0.055 3	0.030 8	−0.109 6
—	0.772 98	—	0.65	0.006 70	0.062 7	0.029 1	−0.113 3
—	0.713 52	—	0.60	0.007 52	0.070 7	0.026 8	−0.116 6
—	0.654 06	—	0.55	0.008 38	0.079 5	0.023 9	−0.119 3
—	0.594 60	—	0.50	0.009 27	0.088 0	0.020 5	−0.121 5

注：① 本表中预制带肋底板均沿 x 方向布置；② 当根据表中第 1 列跨度比与第 3 列等效跨度比进行查表时，y 方向为短跨方向，x 方向为长跨方向；③ 当根据表中第 2 列跨度比与第 4 列等效跨度比进行查表时，x 方向为短跨方向，y 方向为长跨方向；④ $w=$ 表中系数 $\times ql_0^4/D_x$，$M_x=$ 表中系数 $\times ql_0^2$，$M_y=$ 表中系数 $\times ql_0^2/r^2$，$M_{y'}=$ 表中系数 $\times ql_0^2/r^2$，l_0 取 l_x 和 l_y 中的较小值。

这样计算得到等效跨度比 λ_e 后，便可以采用线性插值法查用均布荷载作用下一边固支三边简支双向同性板的弹性计算系数表，以简化均布荷载作用下一边固支三边简支双向叠合板的弹性计算过程。

为便于进一步比较分析，列出沈蒲生和梁兴文研究给出的均布荷载作用下一边固支三边简支双向叠合板的弹性计算系数。其具体结果见表 5-9。

表 5-9　一边固支三边简支双向叠合板的弹性计算系数

l_y/l_x	l_x/l_y	a_f	m_x	m_y	$m_{y'}$
0.50	—	0.004 88	0.006 0	0.058 8	−0.121 2
0.55	—	0.004 71	0.008 1	0.056 3	−0.118 7
0.60	—	0.004 53	0.010 4	0.053 9	−0.115 8
0.65	—	0.004 32	0.012 6	0.051 3	−0.112 4
0.70	—	0.004 10	0.014 8	0.048 5	−0.108 7
0.75	—	0.003 88	0.016 8	0.045 7	−0.104 8
0.80	—	0.003 65	0.018 7	0.042 8	−0.100 7
0.85	—	0.003 43	0.020 4	0.040 0	−0.096 5
0.90	—	0.003 21	0.021 9	0.037 2	−0.092 2
0.95	—	0.002 99	0.023 2	0.034 5	−0.088 0
1.00	1.00	0.002 79	0.024 3	0.031 8	−0.083 9
—	0.95	0.003 16	0.028 0	0.032 4	−0.088 2
—	0.90	0.003 60	0.032 2	0.032 8	−0.092 6
—	0.85	0.004 09	0.037 0	0.032 9	−0.097 0
—	0.80	0.004 64	0.042 4	0.032 6	−0.101 4
—	0.75	0.005 26	0.048 5	0.031 9	−0.105 6
—	0.70	0.005 95	0.055 3	0.030 8	−0.109 6
—	0.65	0.006 70	0.062 7	0.029 1	−0.113 3
—	0.60	0.007 52	0.070 7	0.026 8	−0.116 6
—	0.55	0.008 38	0.079 2	0.023 9	−0.119 3
—	0.50	0.009 27	0.088 0	0.020 5	−0.121 5

注：$w=$ 表中系数 $\times ql_0^4/D_x$，$M_x=$ 表中系数 $\times ql_0^2$，$M_y=$ 表中系数 $\times ql_0^2/r^2$，$M_{y'}=$ 表中系数 $\times ql_0^2/r^2$，l_0 取 l_x 和 l_y 中的较小值。

与表 5-7、表 5-8 对比分析可知，对于刚度比不同而等效跨度比相等时，虽然实际跨度比虽然不同，但是各项弹性计算系数是相等的。据此可以得出：本节提出的双向叠合板简化弹性计算方法是合理且可行的。

5.6.4　四边固支双向叠合板的简化弹性计算方法

在四边固支双向叠合板直角坐标系中，本节取 x 方向为强方向、y 方向为弱方向，x、y 方向的跨度分别为 l_x、l_y。计算强边方向弯矩 M_x 时，强边跨度不变，弱边方向等效跨度取

rl_y,按各向同性双向板计算 M_x;计算弱边方向弯矩 M_y 时,强边方向等效跨度取 l_x/r,弱边跨度不变,按各向同性双向板计算 M_y。

均布荷载作用下四边固支双向叠合板的弹性计算系数的计算方法如下:

(1) 四边固支双向叠合板中心点挠度计算系数等于 x、y 方向跨度分别为 l_x、rl_y 的等效各向同性板的中心点挠度。其计算简图如图 5-5(a)所示。

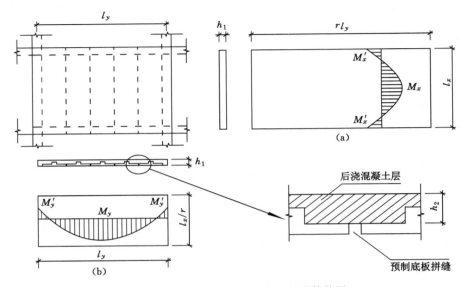

图 5-5　四边固支双向叠合板的计算简图
(a) 强边方向的弯矩及板中心点挠度;(b) 弱边方向的弯矩

(2) 四边固支双向叠合板沿 x 方向板中心点弯矩计算系数等于 x、y 方向跨度分别为 l_x、rl_y 的等效各向同性板沿 x 方向板中心点单位板宽内的弯矩。其计算简图如图 5-5(a) 所示。

(3) 四边固支双向叠合板沿 y 方向板中心点弯矩计算系数等于 x、y 方向跨度分别为 l_x/r、l_y 的等效各向同性板沿 y 方向板中心点单位板宽内的弯矩。其计算简图如图 5-5(b) 所示。

(4) 四边固支双向叠合板沿 x 方向固支边中点负弯矩计算系数等于 x、y 方向跨度分别为 l_x、rl_y 的等效各向同性板固支边沿 x 方向单位板宽内的弯矩。其计算简图如图 5-5(a) 所示。

(5) 四边固支双向叠合板沿 y 方向固支边中点负弯矩计算系数等于 x、y 方向跨度分别为 l_x/r、l_y 的等效各向同性板固支边沿 y 方向单位板宽内的弯矩。其计算简图如图 5-5(b) 所示。

均布荷载作用下四边固支双向叠合板中心点的挠度、弯矩和固支边中点负弯矩计算系数的级数解,可通过编制程序进行电算。例如,取 $\lambda=0.5$ 和 $\lambda=2.0$ 时,依据各弹性计算系数计算式编制程序进行电算,且每个级数均取 100 项,可得到均布荷载作用下四边固支双向叠合板等效跨度比为 0.5～1.0 的弹性计算系数。其具体结果见表 5-10、表 5-11。

表 5-10　四边固支双向叠合板的弹性计算系数($\lambda = 0.5$)

l_x/l_y	λ_e	a_f	m_x	m_y	m_x'	m_y'
0.420 45	0.50	0.002 53	0.003 8	0.040 0	$-0.057\ 0$	$-0.082\ 9$
0.462 49	0.55	0.002 46	0.005 6	0.038 5	$-0.057\ 1$	$-0.081\ 4$
0.504 54	0.60	0.002 36	0.007 6	0.036 7	$-0.057\ 1$	$-0.079\ 3$
0.546 58	0.65	0.002 24	0.009 5	0.034 5	$-0.057\ 1$	$-0.076\ 6$
0.588 63	0.70	0.002 11	0.011 3	0.032 1	$-0.056\ 9$	$-0.073\ 5$
0.630 67	0.75	0.001 97	0.013 0	0.029 6	$-0.056\ 5$	$-0.070\ 1$
0.672 72	0.80	0.001 82	0.014 4	0.027 1	$-0.055\ 9$	$-0.066\ 4$
0.714 76	0.85	0.001 68	0.015 6	0.024 6	$-0.055\ 1$	$-0.062\ 6$
0.756 81	0.90	0.001 53	0.016 5	0.022 1	$-0.054\ 1$	$-0.058\ 8$
0.798 85	0.95	0.001 40	0.017 2	0.019 8	$-0.052\ 8$	$-0.055\ 0$
0.840 90	1.00	0.001 27	0.017 6	0.017 6	$-0.051\ 3$	$-0.051\ 3$

注：① 预制带肋底板均沿 y 方向布置；② x 方向为短跨方向，y 方向为长跨方向；③ $w =$ 表中系数 $\times ql_x^4/D_x$，$M_x =$ 表中系数 $\times ql_x^2$，$M_y =$ 表中系数 $\times ql_x^2/r^2$，$M_{x'} =$ 表中系数 $\times ql_x^2$，$M_{y'} =$ 表中系数 $\times ql_x^2/r^2$。

表 5-11　四边固支双向叠合板的弹性计算系数($\lambda = 2.0$)

l_x/l_y	λ_e	a_f	m_x	m_y	m_x'	m_y'
0.594 60	0.50	0.002 53	0.003 8	0.040 0	$-0.057\ 0$	$-0.082\ 9$
0.654 06	0.55	0.002 46	0.005 6	0.038 5	$-0.057\ 1$	$-0.081\ 4$
0.713 52	0.60	0.002 36	0.007 6	0.036 7	$-0.057\ 1$	$-0.079\ 3$
0.772 98	0.65	0.002 24	0.009 5	0.034 5	$-0.057\ 1$	$-0.076\ 6$
0.832 44	0.70	0.002 11	0.011 3	0.032 1	$-0.056\ 9$	$-0.073\ 5$
0.891 91	0.75	0.001 97	0.013 0	0.029 6	$-0.056\ 5$	$-0.070\ 1$
0.951 37	0.80	0.001 82	0.014 4	0.027 1	$-0.055\ 9$	$-0.066\ 4$
1.010 83	0.85	0.001 68	0.015 6	0.024 6	$-0.055\ 1$	$-0.062\ 6$
1.070 29	0.90	0.001 53	0.016 5	0.022 1	$-0.054\ 1$	$-0.058\ 8$
1.129 75	0.95	0.001 40	0.017 2	0.019 8	$-0.052\ 8$	$-0.055\ 0$
1.189 21	1.00	0.001 27	0.017 6	0.017 6	$-0.051\ 3$	$-0.051\ 3$

注：① 预制带肋底板均沿 x 方向布置；② x 方向为短跨方向，y 方向为长跨方向；③ $w =$ 表中系数 $\times ql_x^4/D_x$，$M_x =$ 表中系数 $\times ql_x^2$，$M_y =$ 表中系数 $\times ql_x^2/r^2$，$M_{x'} =$ 表中系数 $\times ql_x^2$，$M_{y'} =$ 表中系数 $\times ql_x^2/r^2$。

　　这样就可以直接按四边固支双向叠合板的等效跨度比 λ_e 查用现有各向同性双向板的弹性计算系数表，以简化均布荷载作用下四边固支双向叠合板的弹性计算。

为便于进一步比较分析,列出沈蒲生和梁兴文研究给出的均布荷载作用下四边固支双向板的弹性计算系数。其具体结果见表 5-12。

表 5-12 四边固支双向叠合板的弹性计算系数

l_x/l_y	a_f	m_x	m_y	$m_{x'}$	$m_{y'}$
0.50	0.002 53	0.003 8	0.040 0	$-0.057\,0$	$-0.082\,9$
0.55	0.002 46	0.005 6	0.038 5	$-0.057\,1$	$-0.081\,4$
0.60	0.002 36	0.007 6	0.036 7	$-0.057\,1$	$-0.079\,3$
0.65	0.002 24	0.009 5	0.034 5	$-0.057\,1$	$-0.076\,6$
0.70	0.002 11	0.011 3	0.032 1	$-0.056\,9$	$-0.073\,5$
0.75	0.001 97	0.013 0	0.029 6	$-0.056\,5$	$-0.070\,1$
0.80	0.001 82	0.014 4	0.027 1	$-0.055\,9$	$-0.066\,4$
0.85	0.001 68	0.015 6	0.024 6	$-0.055\,1$	$-0.062\,6$
0.90	0.001 53	0.016 5	0.022 1	$-0.054\,1$	$-0.058\,8$
0.95	0.001 40	0.017 2	0.019 8	$-0.052\,8$	$-0.055\,0$
1.00	0.001 27	0.017 6	0.017 6	$-0.051\,3$	$-0.051\,3$

注:$w=$表中系数$\times ql_x^4/D_x$,$M_x=$表中系数$\times ql_x^2$,$M_y=$表中系数$\times ql_x^2$,$M_{x'}=$表中系数$\times ql_x^2$,$M_{y'}=$表中系数$\times ql_x^2$。

与 5-10、表 5-11 对比分析可知,对于四边固支双向叠合板,刚度比不同而等效跨度比相等时,虽然实际跨度比不同,但是各项弹性计算系数是相等的。据此可以得出:本节提出的双向叠合板简化弹性计算方法是合理且可行的。

5.6.5 其他复杂边界条件下双向叠合板的简化弹性计算方法

均布荷载作用下一边简支三边固支、两相邻边简支另两相邻边固支等复杂边界条件下双向叠合板与相应边界条件下各向同性板的等效关系及其简化弹性计算方法与前面所述相同(在此限于篇幅,不再赘述)。

5.7 多区格等跨连续双向叠合板简化弹性计算方法研究

前面所述均为均布荷载作用下常见边界条件单区格双向叠合板的情形。对于均布荷载作用下多区格等跨连续双向叠合板的内力分析,则采用实用的近似计算方法。

这种方法通过对双向叠合板活荷载的最不利布置及支撑条件的简化,将多区格等跨连续双向叠合板的内力分析问题,转化为单区格双向叠合板的内力求解问题。这种方法做如下假定:支撑梁受弯线刚度很大,其竖向位移可忽略不计;支撑梁受扭线刚度很小,可以自由转动。上述假定可将支撑梁视为双向叠合板的不动铰支座,从而使其内力计算得到简化。

多区格等跨连续双向叠合板进行内力分析时,需要确定结构的控制截面,即取各支座和跨内截面作为结构的控制截面;需要确定结构控制截面产生最危险内力时的最不利荷载组合,即根据结构的变形曲线确定活荷载的最不利布置方法。需要确定的内力值包括:① 各区格板跨内截面最大弯矩值;② 各区格板支座截面最大负弯矩值。

5.8　算　　例

设有一正方形叠合板,板面内作用均布荷载 q,已知预制带肋底板沿 x 方向布置(非简支时,弱方向固支),x、y 方向刚度比为 2.0,试确定该叠合板的弹性计算系数(边界条件:一边固支三边简支)。

【解】

一边固支三边简支双向叠合板的弹性计算系数的求解过程如下:

已知:$l_x/l_y=1,\lambda=2$。

由式(5-53)计算可得:$r=\lambda^{1/4}=2^{1/4}$。

将 r 代入式(5-65)或式(5-66)中,可得:

$$\lambda_e=\frac{l_x}{rl_y}=\frac{l_x/r}{l_y}=\frac{1}{2^{1/4}}\approx 0.840\,90$$

均布荷载作用下一边固支三边简支双向叠合板的弹性计算系数见表 5-9。

采用线性插值法,按照跨度比值为 0.840 90 时,在表 5-9 里进行插值计算。其具体过程如下:

$$a_f=\frac{0.840\,90-0.80}{0.85-0.80}\times(0.004\,09-0.004\,64)+0.004\,64\approx 0.004\,19$$

$$m_x=\frac{0.840\,90-0.80}{0.85-0.80}\times(0.037\,0-0.042\,4)+0.042\,4\approx 0.038\,0$$

$$m_y=\frac{0.840\,90-0.80}{0.85-0.80}\times(0.032\,9-0.032\,6)+0.032\,6\approx 0.032\,8$$

$$m_{y'}=\frac{0.840\,90-0.80}{0.85-0.80}\times(0.101\,4-0.097\,0)-0.101\,4\approx -0.097\,8$$

根据一边固支三边简支双向叠合板的中心点挠度、弯矩和固支边中点负弯矩计算式,按等效跨度比值为 0.840 90 时编程电算,分别可得:

$$a_f\approx 0.004\,18,m_x\approx 0.037\,9,m_y\approx 0.032\,8,m_{y'}\approx -0.097\,8$$

对比可知,两种方法的计算结果吻合良好,各项弹性计算系数均满足双向叠合板与等效各向同性板挠度、内力的等效关系。

由此可见,查表所得的弹性计算系数与按照计算式编程电算的弹性计算系数非常接近,其计算精度完全能够满足工程设计的要求。因此采用该方法能够快速求得双向叠合板的弹性计算系数。

5.9　讨　论　分　析

本节以均布荷载作用下一边固支三边简支双向叠合板为对象进行讨论分析。

分别取 λ＝0.5 和 λ＝2.0 时,编制程序进行电算,且每个级数均取 100 项,可得到均布荷载作用下等效跨度比为 0.5～1.0 的一边固支三边简支双向叠合板的弹性计算系数。其结果见表 5-7、表 5-8。对比均布荷载作用下一边固支三边简支双向板的弹性计算系数(见表 5-9)可知,当等效跨度比相等时,虽然跨度比和刚度比不同,但是相同边界条件下一边固支三边简支双向叠合板的各项弹性计算系数是对应相等的;当等效跨度比与各向同性板的跨度比相等时,双向叠合板与各向同性板的弹性计算系数也是对应相等的。

另外,分别取 λ＝0.5、λ＝1.0 和 λ＝2.0 时,编制程序进行电算,且每个级数均取 100 项,可得到均布荷载作用下跨度比为 0.5～1.0 的一边固支三边简双向叠合板的弹性计算系数,并绘制成弹性计算系数和跨度比的关系曲线,如图 5-6 所示。

(1) 由图 5-6(a)可知,当预制带肋底板沿长跨方向布置时,这种双向叠合板的挠度计算系数最小,且均随着跨度比的增大而减小。所以,当需要重点控制这种双向叠合板的挠度时,应将预制带肋底板沿长跨方向布置。

(2) 由图 5-6(b)和图 5-6(c)可知,在沿 x 方向布置预制带肋底板时,这种双向叠合板 x 方向(强方向)弯矩的计算系数最大,且均随跨度比的增大而减小。例如,在表 5-7 中,预制带肋底板沿 y 方向布置时,m_y 和 m_x 分别为 0.045 7 和0.016 8。其结果表明:强方向分配较多的载荷,弱方向分配较少的荷载。这样的情况也发生在表 5-8 中。也就是说,当预制带肋底板沿短跨布置时,这种双向叠合板强方向可以分配较多的载荷,弱方向分配较少的载荷。这样可以充分利用预制带肋底板内预应力筋的高强材料性能,同时可以减小弱方向的弯矩。因此,在实际工程中,预制带肋底板应沿短跨布置。

(3) 由图 5-6(d)可知,当预制带肋底板沿短跨方向布置时,这种双向叠合板的固支边中点负弯矩计算系数最大,且均随着跨度比的增大而减小。这样有利于减小这种双向叠合板跨中的弯矩。

以上结论均适用于其他边界条件下的双向叠合板,限于篇幅,不再赘述。

5.10　本　章　小　结

(1) 通过对双向叠合板的解析解做形式变换,并与各向同性板的解析解做比较分析,得到了双向叠合板和各向同性板弹性计算系数的对应关系。

(2) 直接从双向叠合板的挠曲面基本微分方程出发,研究了双向叠合板和各向同性板的等效关系,得到了双向叠合板和等效的各向同性板在对应点上的挠度和内力的对应关系。此思路与对双向叠合板的解析解做形式变换的思路有异曲同工之妙,互为补充。

(3) 引入等效跨度比,可以将 x、y 方向跨度分别为 l_x、l_y 的双向叠合板等效为跨度分别为 l_x、rl_y 或 l_x/r、l_y 的各向同性板来计算。

(4) 通过相应等效,双向叠合板和等效的各向同性板在对应点上挠度相等,存在以下对应关系:$w(x,y)＝w'(x,ry)$。

(5) 双向叠合板上点 (x,y) 与等效的各向同性板上点 (x,ry) 的内力存在以下对应关系:$M_x＝M_{x'}$,$M_{x'}＝M_{x''}$,$M_{xy}＝\dfrac{1}{r}M_{x'y'}$。

(6) 双向叠合板上点 (x,y) 与等效的各向同性板上点 $\left(\dfrac{1}{r}x,y\right)$ 的内力存在以下对应关

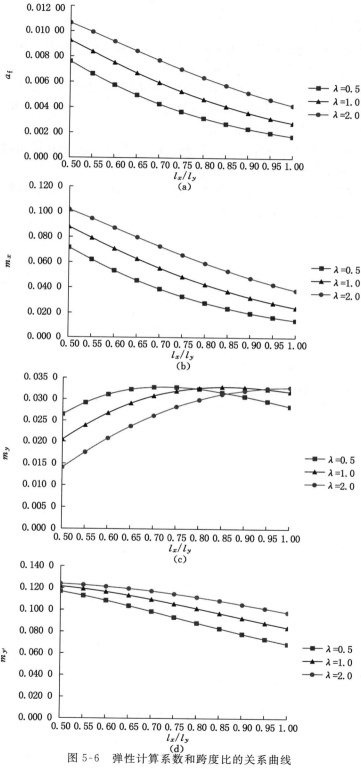

图 5-6　弹性计算系数和跨度比的关系曲线

（a）a_f-l_x/l_y 曲线；（b）m_x-l_x/l_y 曲线；（c）m_y-l_x/l_y 曲线；（d）$m_{y'}$-l_x/l_y 曲线

系：$M_y = \dfrac{1}{r^2} M_{y'}$，$M_{y'} = \dfrac{1}{r^2} M_{y''}$。

（7）编程电算得到了均布荷载作用下刚度比为 0.5 和 2.0 以及等效跨度比为 0.5～1.0 的各类边界条件下双向叠合板的弹性计算系数。

（8）当等效跨度比相等时，虽然跨度比和刚度比不同，但是相同边界条件下双向叠合板的各项弹性计算系数是对应相等的；当等效跨度比与各向同性板的跨度比相等时，双向叠合板与各向同性板的弹性计算系数是对应相等的。

（9）预制带肋底板按双向叠合板的短跨方向布置时，可以充分利用预制带肋底板预应力筋的高强材料性能，降低钢筋用量，获得较好的经济效益。

（10）直接按照双向叠合板的等效跨度比，采用线性插值法，查用各向同性板的弹性计算系数表，可以简化双向叠合板的弹性计算。

第6章　双向叠合板简化弹性计算方法应用实例

6.1　概　　述

　　第 5 章提出了不同边界条件下单区格双向叠合板的简化弹性计算方法。其具体为：直接按照双向叠合板的等效跨度比，采用线性插值法，查用各向同性板的弹性计算系数表来简化双向叠合板的弹性计算。本章通过举例说明如何将单区格双向叠合板简化弹性计算方法应用到多区格双向叠合楼盖结构设计中。

6.2　双向板肋梁楼盖计算实例

　　某双向板肋梁楼盖平面如图 6-1 所示。其基本参数包括：板厚 130 mm，20 mm 厚水泥砂浆抹面，15 mm 厚混合砂浆天棚抹灰，楼面活荷载标准值为 5.0 kN/m²，支撑梁截面尺寸 $(b \times h)$ 为 300 mm×600 mm。本楼盖采用叠合板方案，并按照双向叠合板的简化弹性计算方法来设计该楼盖。

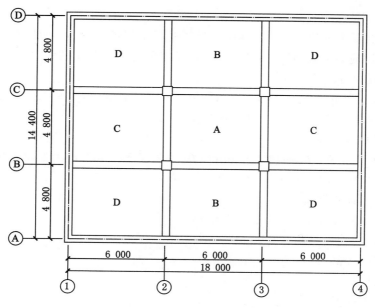

图 6-1　双向板肋梁楼盖平面示意图

【解】

取双向叠合板短跨方向为 x 方向，长跨方向为 y 方向；预制带肋底板沿平行于短跨方向布置；短跨方向为强方向，长跨方向为弱方向。

（1）截面参数

预制带肋底板计算长度为 4 800 mm，底板宽度为 500 mm，底板厚度为 30 mm，板肋宽度为 140 mm，板肋高度为 75 mm，叠合后板总厚度为 130 mm。预制带肋底板截面如图 6-2 所示。叠合构件截面如图 6-3 所示。

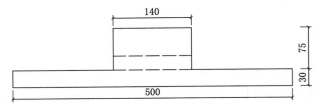

图 6-2　预制带肋底板截面

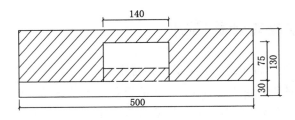

图 6-3　叠合构件截面

（2）材料指标

预制构件混凝土强度等级为 C50，叠合层混凝土强度等级为 C30。强方向钢筋采用 1570 级Φ^H5 消除应力螺旋肋钢丝，其他受力钢筋均采用 HRB335 钢筋。

① 预制带肋底板 C50 混凝土

$f_{ck1} = 32.4$ N/mm²，$f_{c1} = 23.1$ N/mm²，$f_{tk1} = 2.64$ N/mm²，$f_{t1} = 1.89$ N/mm²。

$E_{c1} = 3.45 \times 10^4$ N/mm²，$\varepsilon_{cu1} = 0.003\ 3$，$\mu = 0.2$。

② 叠合层 C30 混凝土

$f_{ck2} = 20.1$ N/mm²，$f_{c2} = 14.3$ N/mm²，$f_{tk2} = 2.01$ N/mm²，$f_{t2} = 1.43$ N/mm²。

$E_{c2} = 3.00 \times 10^4$ N/mm²，$\varepsilon_{cu2} = 0.003\ 3$，$\mu = 0.2$。

③ 消除应力螺旋钢丝

$f_{ptk} = 1\ 570$ N/mm²，$f_{py} = 1\ 110$ N/mm²。

④ HRB335 钢筋

$f_y = 300$ N/mm²，$f_{y'} = 300$ N/mm²。

（3）刚度计算

① x 方向单位板宽度的刚度

x 方向单位板宽度的刚度（即为强方向单位板宽度的刚度），按叠合板整板厚度计算。

预制构件截面混凝土面积为：

$$A_1 = 500 \times 30 + 140 \times 75 = 25\ 500\ (\text{mm}^2)$$

叠合层截面混凝土面积为：

$$A_2 = 500 \times 130 - 25\ 500 = 39\ 500\ (\text{mm}^2)$$

叠合构件截面换算截面面积为：

$$\alpha_E = \frac{E_{c2}}{E_{c1}} = \frac{3.00 \times 10^4\ \text{N/mm}^2}{3.45 \times 10^4\ \text{N/mm}^2} = 0.87$$

$$A_{01} = A_1 + \alpha_E A_2 = 25\ 500 + 0.87 \times 39\ 500 = 59\ 865\ (\text{mm}^2)$$

叠合构件截面混凝土对底板的静矩为：

$$S_{01} = 500 \times 30 \times 15 + 140 \times 75 \times (30 + 75 \div 2) + 2 \times 180 \times 0.87 \times 100 \times (30 + 100 \div 2) +$$
$$80 \times 0.87 \times 25 \times (130 - 25 \div 2) = 3\ 643\ 800\ (\text{mm}^3)$$

换算截面重心至叠合构件底边的距离为：

$$y_{01\text{下}} = \frac{S_{01}}{A_{01}} = \frac{3\ 643\ 800\ \text{mm}^3}{59\ 865\ \text{mm}^2} = 60.87\ (\text{mm})$$

换算截面对其重心的惯性矩为：

$$I_{01} = \frac{1}{12} \times 500 \times 30^3 + 500 \times 30 \times (60.87 - 15)^2 + \frac{1}{12} \times 140 \times 75^3 + 140 \times 75 \times (30 + 75 \div 2 - 60.87)^2 +$$

$$2 \times \left[\frac{1}{12} \times 180 \times 0.87 \times 100^3 + 180 \times 0.87 \times 100 \times (30 + 100 \div 2 - 60.87)^2 \right] + \frac{1}{12} \times$$

$$80 \times 0.87 \times 25^3 + 80 \times 0.87 \times 25 \times (130 - 25 \div 2 - 60.87)^2 = 8.130\ 2 \times 10^7 (\text{mm}^4)$$

$$E_{c1} I_{01} = 3.45 \times 10^4\ \text{N/mm}^2 \times 8.130\ 2 \times 10^7\ \text{mm}^4 = 2.805 \times 10^{12}\ \text{N} \cdot \text{mm}^2$$

x 方向单位板宽度的弹性刚度为：

$$B_x = \frac{1\ 000}{500} E_{c1} I_{01} = \frac{1\ 000}{500} \times 2.805 \times 10^{12}\ \text{N} \cdot \text{mm}^2 = 5.61 \times 10^{12}\ \text{N} \cdot \text{mm}^2$$

$$D_x = \frac{B_x}{1 - \mu_x^2} = \frac{5.61 \times 10^{12}\ \text{N} \cdot \text{mm}^2}{1 - 0.2^2} = 5.843\ 75 \times 10^{12}\ \text{N} \cdot \text{mm}^2$$

② y 方向单位板宽度的刚度

y 方向单位板宽度的刚度（即为弱方向单位板宽度的刚度），按后浇叠合层混凝土厚度计算。该厚度取预制带肋底板上表面到双向叠合板表面的距离。

后浇混凝土厚度为：

$$130\ \text{mm} - 30\ \text{mm} = 100\ (\text{mm})$$

其惯性矩为：

$$I_{02} = \frac{1}{12} \times 500 \times 100^3 = 4.17 \times 10^7 (\text{mm}^4)$$

$$E_{c2} I_{02} = 3.00 \times 10^4\ \text{N/mm}^2 \times 4.17 \times 10^7\ \text{mm}^4 = 1.251 \times 10^{12}\ \text{N} \cdot \text{mm}^2$$

y 方向单位板宽度的弹性刚度为：

$$B_y = \frac{1\ 000}{500} E_{c2} I_{02} = \frac{1\ 000}{500} \times 1.251 \times 10^{12}\ \text{N} \cdot \text{mm}^2 = 2.502 \times 10^{12}\ \text{N} \cdot \text{mm}^2$$

$$D_y = \frac{B_y}{1 - \mu_y^2} = \frac{2.502 \times 10^{12}\ \text{N} \cdot \text{mm}^2}{1 - 0.2^2} = 2.606\ 25 \times 10^{12}\ \text{N} \cdot \text{mm}^2$$

③ x、y 方向单位板宽度的刚度比

$$\lambda = \frac{D_x}{D_y} = \frac{5.843\ 75 \times 10^{12}\ \text{N} \cdot \text{mm}^2}{2.606\ 25 \times 10^{12}\ \text{N} \cdot \text{mm}^2} = 2.242\ 21$$

（4）荷载计算

板自重为：

$$0.13\ \text{m} \times 25\ \text{kN/m}^3 = 3.25\ \text{kN/m}^2$$

20 mm 厚水泥砂浆面层自重为：

$$0.02\ \text{m} \times 20\ \text{kN/m}^3 = 0.40\ \text{kN/m}^2$$

15 mm 厚混合砂浆天棚抹灰自重为：

$$0.015\ \text{m} \times 17\ \text{kN/m}^3 = 0.26\ \text{kN/m}^2$$

恒载标准值为：

$$3.25\ \text{kN/m}^2 + 0.40\ \text{kN/m}^2 + 0.26\ \text{kN/m}^2 = 3.91\ \text{kN/m}^2$$

经查表，恒载分项系数取为 1.2，活载分项系数取为 1.3。

恒载设计值为：

$$g = 3.91\ \text{kN/m}^2 \times 1.2 = 4.7\ \text{kN/m}^2$$

活载设计值为：

$$q = 5.0\ \text{kN/m}^2 \times 1.3 = 6.5\ \text{kN/m}^2$$

荷载合计为：

$$p = g + q = 4.7\ \text{kN/m}^2 + 6.5\ \text{kN/m}^2 = 11.2\ \text{kN/m}^2$$

求各区格板跨内正弯矩时，恒荷载按照均布，活荷载按照棋盘式布置。

折算荷载计算如下：

$$g' = g + \frac{q}{2} = 4.7\ \text{kN/m}^2 + 0.5 \times 6.5\ \text{kN/m}^2 = 7.95\ \text{kN/m}^2$$

$$q' = \frac{q}{2} = 0.5 \times 6.5\ \text{kN/m}^2 = 3.25\ \text{kN/m}^2$$

求各中间支座最大负弯矩（绝对值）时，按照恒载及活载满布各区格板。其荷载为：

$$p = g + q = 4.7\ \text{kN/m}^2 + 6.5\ \text{kN/m}^2 = 11.2\ \text{kN/m}^2$$

（5）计算跨度

① A 区格板

取各轴线间的距离为计算跨度，即有：

$$l_{0x} = 4\ 800\ \text{mm},\ l_{0y} = 6\ 000\ \text{mm}$$

由此可得，A 区格板的跨度比为：

$$l_{0x}/l_{0y} = 4\ 800/6\ 000 = 0.80$$

② B 区格板

其计算跨度为：

$$l_{0x} = 4\ 800 - 120 + 130/2 = 4\ 745\ \text{mm},\ l_{0y} = 6\ 000\ \text{mm}$$

由此可得，B 区格板的跨度比为：

$$l_{0x}/l_{0y} = 4\ 745/6\ 000 = 0.79$$

③ C 区格板

其计算跨度为：

$$l_{0x} = 4\ 800\ \text{mm}, l_{0y} = 6\ 000 - 120 + 130/2 = 5\ 945\ \text{mm}$$

由此可得,C 区格板的跨度比为:

$$l_{0x}/l_{0y} = 4\ 800/5\ 945 = 0.81$$

④ D 区格板

其计算跨度为:

$$l_{0x} = 4\ 800 - 120 + 130/2 = 4\ 745\ \text{mm}, l_{0y} = 6\ 000 - 120 + 130/2 = 5\ 945\ \text{mm}$$

由此可得,D 区格板的跨度比为:

$$l_{0x}/l_{0y} = 4\ 745/5\ 945 = 0.80$$

(6)截面有效高度

短跨(预应力)方向的截面有效高度为:

$$h_{0x} = h - 20\ \text{mm} = 130\ \text{mm} - 20\ \text{mm} = 110\ \text{mm}$$

长跨(非预应力)方向的截面有效高度为:

$$h_{0y} = h - 30\ \text{mm} = 130\ \text{mm} - 30\ \text{mm} = 100\ \text{mm}$$

(7)弯矩计算

在 g' 作用下,各内支座均可视为固定支座,某些区格板内最大正弯矩不在板中心点处;在 q' 作用下,各区格板四边均可视为简支,跨内最大正弯矩则在板中心点处。弯矩计算时可近似取两者之和作为跨内最大正弯矩值。

另外,还应考虑泊松比 μ 的影响,取 $\mu = 0.2$。弯矩计算公式为:

$$M_x^{(\mu)} = M_x + \mu\lambda M_y, M_y^{(\mu)} = M_y + \frac{\mu}{\lambda}M_x$$

① A 区格板弯矩计算

由 $r = \left(\dfrac{D_x}{D_y}\right)^{1/4} = \lambda^{1/4} = 2.242\ 21^{1/4}, \dfrac{l_{0x}}{l_{0y}} = 0.80$,可得:

$$\lambda_e = \frac{l_{0x}}{r l_{0y}} = \frac{0.80}{2.242\ 21^{1/4}} = 0.653\ 76$$

按跨度比为 0.653 76,查用各向同性板的弹性计算系数表,进行弯矩计算。A 区格板跨内弯矩计算简图如图 6-4 所示。A 区格板支座弯矩计算简图如图 6-5 所示。

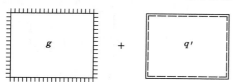

图 6-4　A 区格板跨内弯矩计算简图

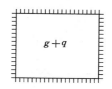

图 6-5　A 区格板支座弯矩计算简图

(a)A 区格板跨内弯矩计算。

当 $\mu = 0$ 时,

$$M_x = (0.034\ 3 \times 7.95 + 0.074\ 5 \times 3.25)\ \text{kN/m}^2 \times (4.8\ \text{m})^2 = 11.86\ \text{kN} \cdot \text{m/m}$$

$$M_y = (0.009\ 6 \times 7.95 + 0.027\ 3 \times 3.25)\ \text{kN/m}^2 \times (4.8\ \text{m})^2 = 3.80\ \text{kN} \cdot \text{m/m}$$

当 $\mu = 0.2$ 时,

$$M_x^{(\mu)} = M_x + \mu\lambda M_y = (11.86 + 0.2 \times 2 \times 3.80)\ \text{kN} \cdot \text{m/m} = 13.38\ \text{kN} \cdot \text{m/m}$$

当 $\mu = 0.2$ 时，
$$M_y^{(\mu)} = M_y + \frac{\mu}{\lambda} M_x = (3.80 + 0.2 \div 2 \times 11.86) \text{ kN} \cdot \text{m/m} = 4.99 \text{ kN} \cdot \text{m/m}$$

(b) A 区格板支座弯矩计算。
$$M_{x'} = -0.076\ 4 \times 11.2 \text{ kN/m}^2 \times (4.8 \text{ m})^2 = -19.71 \text{ kN} \cdot \text{m/m}$$
$$M_{y'} = -0.057\ 1 \times 11.2 \text{ kN/m}^2 \times (4.8 \text{ m})^2 = -14.73 \text{ kN} \cdot \text{m/m}$$

因为 A 区格板四周与梁整体连接，所以 A 区格板跨内、支座弯矩应乘以折减系数 0.8。对其进行修正计算。

(c) A 区格板跨内弯矩计算。

当 $\mu = 0$ 时，
$$M_x = 0.8 \times (0.034\ 3 \times 7.95 + 0.074\ 5 \times 3.25) \text{ kN/m}^2 \times (4.8 \text{ m})^2 = 9.49 \text{ kN} \cdot \text{m/m}$$
$$M_y = 0.8 \times (0.009\ 6 \times 7.95 + 0.027\ 3 \times 3.25) \text{ kN/m}^2 \times (4.8 \text{ m})^2 = 3.04 \text{ kN} \cdot \text{m/m}$$

当 $\mu = 0.2$ 时，
$$M_x^{(\mu)} = M_x + \mu \lambda M_y = 0.8 \times (11.86 + 0.2 \times 2 \times 3.80) \text{ kN} \cdot \text{m/m} = 10.70 \text{ kN} \cdot \text{m/m}$$

当 $\mu = 0.2$ 时，
$$M_y^{(\mu)} = M_y + \frac{\mu}{\lambda} M_x = 0.8 \times (3.80 + 0.2 \div 2 \times 11.86) \text{ kN} \cdot \text{m/m} = 3.99 \text{ kN} \cdot \text{m/m}$$

(d) A 区格板支座弯矩计算。
$$M_{x'} = -0.076\ 4 \times 11.2 \text{ kN/m}^2 \times (4.8 \text{ m})^2 \times 0.8 = -15.77 \text{ kN} \cdot \text{m/m}$$
$$M_{y'} = -0.057\ 1 \times 11.2 \text{ kN/m}^2 \times (4.8 \text{ m})^2 \times 0.8 = -11.78 \text{ kN} \cdot \text{m/m}$$

② B 区格板弯矩计算

由 $r = \left(\dfrac{D_x}{D_y}\right)^{1/4} = \lambda^{1/4} = 2.242\ 21^{1/4}$，$\dfrac{l_{0x}}{l_{0y}} = 0.79$，可得：

$$\lambda_e = \frac{l_{0x}}{r l_{0y}} = \frac{0.79}{2.242\ 21^{1/4}} = 0.645\ 59$$

按跨度比为 0.645 59，查用各向同性板的弹性计算系数表，进行弯矩计算。B 区格板跨内弯矩计算简图如图 6-6 所示。B 区格板支座弯矩计算简图如图 6-7 所示。

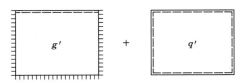

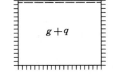

图 6-6　B 区格板跨内弯矩计算简图　　　　图 6-7　B 区格板支座弯矩计算简图

(a) B 区格板跨内弯矩计算。

当 $\mu = 0$ 时，
$$M_x = (0.045\ 0 \times 7.95 + 0.075\ 7 \times 3.25) \text{ kN/m}^2 \times (4.745 \text{ m})^2 = 13.59 \text{ kN} \cdot \text{m/m}$$
$$M_y = (0.018\ 0 \times 7.95 + 0.026\ 9 \times 3.25) \text{ kN/m}^2 \times (4.745 \text{ m})^2 = 5.19 \text{ kN} \cdot \text{m/m}$$

当 $\mu = 0.2$ 时，
$$M_x^{(\mu)} = M_x + \mu \lambda M_y = (13.59 + 0.2 \times 2 \times 5.19) \text{ kN} \cdot \text{m/m} = 15.67 \text{ kN} \cdot \text{m/m}$$

当 $\mu = 0.2$ 时，

$$M_y^{\langle \mu \rangle} = M_y + \frac{\mu}{\lambda} M_x = (5.19 + 0.2 \div 2 \times 13.59) \text{ kN} \cdot \text{m/m} = 6.55 \text{ kN} \cdot \text{m/m}$$

（b）B 区格板支座弯矩计算。

$$M_{x'} = -0.097\,6 \times 11.2 \text{ kN/m}^2 \times (4.745 \text{ m})^2 = -24.61 \text{ kN} \cdot \text{m/m}$$

$$M_{y'} = -0.076\,3 \times 11.2 \text{ kN/m}^2 \times (4.745 \text{ m})^2 = -19.24 \text{ kN} \cdot \text{m/m}$$

③ C 区格板弯矩计算

由 $r = \left(\dfrac{D_x}{D_y} \right)^{1/4} = \lambda^{1/4} = 2.242\,21^{1/4}, \dfrac{l_{0x}}{l_{0y}} = 0.81$，可得：

$$\lambda_e = \frac{l_{0x}}{r l_{0y}} = \frac{0.81}{2.242\,21^{1/4}} = 0.661\,94$$

按跨度比为 0.661 94，查用各向同性板的弹性计算系数表，进行弯矩计算。C 区格板跨内弯矩计算简图如图 6-8 所示。C 区格板支座弯矩计算简图如图 6-9 所示。

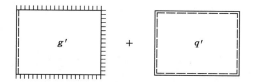

图 6-8　C 区格板跨内弯矩计算简图

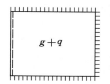

图 6-9　C 区格板支座弯矩计算简图

（a）C 区格板跨内弯矩计算。

当 $\mu = 0$ 时，

$$M_x = (0.036\,7 \times 7.95 + 0.073\,4 \times 3.25) \text{ kN/m}^2 \times (4.8 \text{ m})^2 = 12.22 \text{ kN} \cdot \text{m/m}$$

$$M_y = (0.011\,9 \times 7.95 + 0.027\,8 \times 3.25) \text{ kN/m}^2 \times (4.8 \text{ m})^2 = 4.26 \text{ kN} \cdot \text{m/m}$$

当 $\mu = 0.2$ 时，

$$M_x^{\langle \mu \rangle} = M_x + \mu \lambda M_y = (12.22 + 0.2 \times 2 \times 4.26) \text{ kN} \cdot \text{m/m} = 13.92 \text{ kN} \cdot \text{m/m}$$

当 $\mu = 0.2$ 时，

$$M_y^{\langle \mu \rangle} = M_y + \frac{\mu}{\lambda} M_x = (4.26 + 0.2 \div 2 \times 12.22) \text{ kN} \cdot \text{m/m} = 5.48 \text{ kN} \cdot \text{m/m}$$

（b）C 区格板支座弯矩计算。

$$M_{x'} = -0.079\,1 \times 11.2 \text{ kN/m}^2 \times (4.8 \text{ m})^2 = -20.41 \text{ kN} \cdot \text{m/m}$$

$$M_{y'} = -0.057\,2 \times 11.2 \text{ kN/m}^2 \times (4.8 \text{ m})^2 = -14.76 \text{ kN} \cdot \text{m/m}$$

④ D 区格板弯矩计算

由 $r = \left(\dfrac{D_x}{D_y} \right)^{1/4} = \lambda^{1/4} = 2.242\,21^{1/4}, \dfrac{l_{0x}}{l_{0y}} = 0.80$，可得：

$$\lambda_e = \frac{l_{0x}}{r l_{0y}} = \frac{0.80}{2.242\,21^{1/4}} = 0.653\,76$$

按跨度比为 0.653 76，查用各向同性板的弹性计算系数表，进行弯矩计算。D 区格板跨内弯矩计算简图如图 6-10 所示。D 区格板支座弯矩计算简图如图 6-11 所示。

（a）D 区格板跨内弯矩计算。

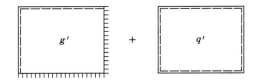

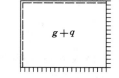

图 6-10　D区格板跨内弯矩计算简图　　　　图 6-11　D区格板支座弯矩计算简图

当 $\mu=0$ 时，

$M_x = (0.046\ 3 \times 7.95 + 0.074\ 5 \times 3.25)\ \text{kN/m}^2 \times (4.745\ \text{m})^2 = 13.74\ \text{kN} \cdot \text{m/m}$

$M_y = (0.018\ 4 \times 7.95 + 0.027\ 3 \times 3.25)\ \text{kN/m}^2 \times (4.745\ \text{m})^2 = 5.29\ \text{kN} \cdot \text{m/m}$

当 $\mu=0.2$ 时，

$M_x^{(\mu)} = M_x + \mu\lambda M_y = (13.74 + 0.2 \times 2 \times 5.29)\ \text{kN} \cdot \text{m/m} = 15.86\ \text{kN} \cdot \text{m/m}$

当 $\mu=0.2$ 时，

$M_y^{(\mu)} = M_y + \dfrac{\mu}{\lambda} M_x = (5.29 + 0.2 \div 2 \times 13.74)\ \text{kN} \cdot \text{m/m} = 6.67\ \text{kN} \cdot \text{m/m}$

（b）D区格板支座弯矩计算。

$M_{x'} = -0.104\ 1 \times 11.2\ \text{kN/m}^2 \times (4.745\ \text{m})^2 = -26.25\ \text{kN} \cdot \text{m/m}$

$M_{y'} = -0.077\ 6 \times 11.2\ \text{kN/m}^2 \times (4.745\ \text{m})^2 = -19.57\ \text{kN} \cdot \text{m/m}$

⑤ 相邻区格板支座弯矩计算

由于各区格板之间的支座截面最大负弯矩（绝对值）可能不等，所以可近似取相邻两区格板支座负弯矩的平均值作为该支座截面的负弯矩设计值。

（a）A-B支座弯矩计算。

$M_{x'} = -\dfrac{1}{2} \times (15.77 + 24.61)\ \text{kN} \cdot \text{m/m} = -20.19\ \text{kN} \cdot \text{m/m}$

（b）A-C支座弯矩计算。

$M_{y'} = -\dfrac{1}{2} \times (11.78 + 14.76)\ \text{kN} \cdot \text{m/m} = -13.27\ \text{kN} \cdot \text{m/m}$

（c）B-D支座弯矩计算。

$M_{y'} = -\dfrac{1}{2} \times (19.24 + 19.57)\ \text{kN} \cdot \text{m/m} = -19.405\ \text{kN} \cdot \text{m/m}$

（d）C-D支座弯矩计算。

$M_{x'} = -\dfrac{1}{2} \times (20.41 + 26.25)\ \text{kN} \cdot \text{m/m} = -23.33\ \text{kN} \cdot \text{m/m}$

（8）配筋面积计算

内力臂系数近似取 $\gamma_s = 0.95$，则有：

$$A_s = \frac{M}{\gamma_s f_y h_0} = \frac{M}{0.95 f_y h_0}$$

① A区格板

a. 短跨方向

（a）预应力钢筋配筋面积为：

$$A_s = \frac{M_x}{\gamma_s f_{py} h_{0x}} = \frac{M_x}{0.95 f_{py} h_{0x}} = \frac{10.70 \times 10^6 \ \text{N} \cdot \text{mm}}{0.95 \times 1\ 110 \ \text{N/mm}^2 \times 110 \ \text{mm}} = 92.25 \ \text{mm}^2$$

单位板宽内应配置 5 根 1570 级Φ^H5 消除应力螺旋肋钢丝,每块 500 mm 宽预制带肋底板内实配置 3 根 1570 级Φ^H5 消除应力螺旋肋钢丝,实际配筋面积为 117.78 mm²。

（b）负弯矩钢筋配筋面积为:

$$A_s = \frac{M_{x'}}{\gamma_s f_{y'} h_{0x}} = \frac{M_{x'}}{0.95 f_{y'} h_{0x}} = \frac{20.19 \times 10^6 \ \text{N} \cdot \text{mm}}{0.95 \times 300 \ \text{N/mm}^2 \times 110 \ \text{mm}} = 644.02 \ \text{mm}^2$$

按Φ10 @110 配置,实际配筋面积为 707 mm²。

b. 长跨方向

（a）非预应力钢筋配筋面积为:

$$A_s = \frac{M_y}{\gamma_s f_y h_{0y}} = \frac{M_y}{0.95 f_y h_{0y}} = \frac{3.99 \times 10^6 \ \text{N} \cdot \text{mm}}{0.95 \times 300 \ \text{N/mm}^2 \times 100 \ \text{mm}} = 140.00 \ \text{mm}^2$$

按Φ8 @250 配置,实际配筋面积 201 mm²。

（b）负弯矩钢筋配筋面积为:

$$A_s = \frac{M_{y'}}{\gamma_s f_{y'} h_{0y}} = \frac{M_{y'}}{0.95 f_{y'} h_{0y}} = \frac{13.27 \times 10^6 \ \text{N} \cdot \text{mm}}{0.95 \times 300 \ \text{N/mm}^2 \times 100 \ \text{mm}} = 465.61 \ \text{mm}^2$$

按Φ10 @160 配置,实际配筋面积为 471 mm²。

② B 区格板

a. 短跨方向

（a）预应力钢筋配筋面积为:

$$A_s = \frac{M_x}{\gamma_s f_{py} h_{0x}} = \frac{M_x}{0.95 f_{py} h_{0x}} = \frac{15.67 \times 10^6 \ \text{N} \cdot \text{mm}}{0.95 \times 1\ 110 \ \text{N/mm}^2 \times 110 \ \text{mm}} = 135.09 \ \text{mm}^2$$

单位板宽内应配置 7 根 1570 级Φ^H5 消除应力螺旋肋钢丝,每块 500 mm 宽预制带肋底板内实配置 4 根 1570 级Φ^H5 消除应力螺旋肋钢丝,实际配筋面积为 157 mm²。

（b）负弯矩钢筋配筋面积为:

$$A_s = \frac{M_{x'}}{\gamma_s f_{y'} h_{0x}} = \frac{M_{x'}}{0.95 f_{y'} h_{0x}} = \frac{20.19 \times 10^6 \ \text{N} \cdot \text{mm}}{0.95 \times 300 \ \text{N/mm}^2 \times 110 \ \text{mm}} = 644.02 \ \text{mm}^2$$

按Φ10 @110 配置,实际配筋面积为 707 mm²。

b. 长跨方向

（a）非预应力钢筋配筋面积为:

$$A_s = \frac{M_y}{\gamma_s f_y h_{0y}} = \frac{M_y}{0.95 f_y h_{0y}} = \frac{6.55 \times 10^6 \ \text{N} \cdot \text{mm}}{0.95 \times 300 \ \text{N/mm}^2 \times 100 \ \text{mm}} = 229.82 \ \text{mm}^2$$

按Φ8 @200 配置,实际配筋面积为 252 mm²。

（b）负弯矩钢筋配筋面积为:

$$A_s = \frac{M_{y'}}{\gamma_s f_{y'} h_{0y}} = \frac{M_{y'}}{0.95 f_{y'} h_{0y}} = \frac{19.405 \times 10^6 \ \text{N} \cdot \text{mm}}{0.95 \times 300 \ \text{N/mm}^2 \times 100 \ \text{mm}} = 680.88 \ \text{mm}^2$$

按Φ10 @110 配置,实际配筋面积为 707 mm²。

③ C 区格板

a. 短跨方向

（a）预应力钢筋配筋面积为:

$$A_s = \frac{M_x}{\gamma_s f_{py} h_{0x}} = \frac{M_x}{0.95 f_{py} h_{0x}} = \frac{13.92 \times 10^6 \text{ N} \cdot \text{mm}}{0.95 \times 1\,110 \text{ N/mm}^2 \times 110 \text{ mm}} = 120.01 \text{ mm}^2$$

单位板宽内应配置 7 根 1570 级ΦH5 消除应力螺旋肋钢丝,每块 500 mm 宽预制带肋底板内实配置 4 根 1570 级ΦH5 消除应力螺旋肋钢丝,实际配筋面积 157 mm²。

（b）负弯矩钢筋配筋面积为:

$$A_s = \frac{M_{x'}}{\gamma_s f_{y'} h_{0x}} = \frac{M_{x'}}{0.95 f_{y'} h_{0x}} = \frac{23.33 \times 10^6 \text{ N} \cdot \text{mm}}{0.95 \times 300 \text{ N/mm}^2 \times 110 \text{ mm}} = 744.18 \text{ mm}^2$$

按Φ10@100 配置,实际配筋面积为 785 mm²。

b. 长跨方向

（a）非预应力钢筋配筋面积为:

$$A_s = \frac{M_y}{\gamma_s f_y h_{0y}} = \frac{M_y}{0.95 f_y h_{0y}} = \frac{5.48 \times 10^6 \text{ N} \cdot \text{mm}}{0.95 \times 300 \text{ N/mm}^2 \times 100 \text{ mm}} = 192.28 \text{ mm}^2$$

按Φ8@250 配置,实际配筋面积为 201 mm²。

（b）负弯矩钢筋配筋面积为:

$$A_s = \frac{M_{y'}}{\gamma_s f_{y'} h_{0y}} = \frac{M_{y'}}{0.95 f_{y'} h_{0y}} = \frac{13.27 \times 10^6 \text{ N} \cdot \text{mm}}{0.95 \times 300 \text{ N/mm}^2 \times 100 \text{ mm}} = 465.61 \text{ mm}^2$$

按Φ10@160 配置,实际配筋面积为 471 mm²。

④ D 区格板

a. 短跨方向

（a）预应力钢筋配筋面积为:

$$A_s = \frac{M_x}{\gamma_s f_{py} h_{0x}} = \frac{M_x}{0.95 f_{py} h_{0x}} = \frac{15.86 \times 10^6 \text{ N} \cdot \text{mm}}{0.95 \times 1\,110 \text{ N/mm}^2 \times 110 \text{ mm}} = 136.73 \text{ mm}^2$$

单位板宽内应配置 7 根 1570 级ΦH5 消除应力螺旋肋钢丝,每块 500 mm 宽预制带肋底板内实配置 4 根 1570 级ΦH5 消除应力螺旋肋钢丝,实际配筋面积为 157 mm²。

（b）负弯矩钢筋配筋面积为:

$$A_s = \frac{M_{x'}}{\gamma_s f_{y'} h_{0x}} = \frac{M_{x'}}{0.95 f_{y'} h_{0x}} = \frac{23.33 \times 10^6 \text{ N} \cdot \text{mm}}{0.95 \times 300 \text{ N/mm}^2 \times 110 \text{ mm}} = 744.18 \text{ mm}^2$$

按Φ10@100 配置,实际配筋面积为 785 mm²。

b. 长跨方向

（a）非预应力钢筋配筋面积为:

$$A_s = \frac{M_y}{\gamma_s f_y h_{0y}} = \frac{M_y}{0.95 f_y h_{0y}} = \frac{6.67 \times 10^6 \text{ N} \cdot \text{mm}}{0.95 \times 300 \text{ N/mm}^2 \times 100 \text{ mm}} = 234.04 \text{ mm}^2$$

按Φ8@200 配置,实际配筋面积为 252 mm²。

（b）负弯矩钢筋配筋面积为:

$$A_s = \frac{M_{y'}}{\gamma_s f_{y'} h_{0y}} = \frac{M_{y'}}{0.95 f_{y'} h_{0y}} = \frac{19.405 \times 10^6 \text{ N} \cdot \text{mm}}{0.95 \times 300 \text{ N/mm}^2 \times 100 \text{ mm}} = 680.88 \text{ mm}^2$$

按Φ10@110 配置,实际配筋面积为 707 mm²。

注意:为便于预制带肋底板的制作,每块 500 mm 宽预制带肋底板内配置 4 根 1570 级ΦH5 消除应力螺旋肋钢丝,单位板宽内实际配筋面积为 157 mm²。

（9）挠度验算

x 方向计算跨度差为:

$$(4\ 800\ \text{mm} - 4\ 745\ \text{mm})/4\ 800\ \text{mm} = 1.1\% < 10\%$$

y 方向计算跨度差为:

$$(6\ 000\ \text{mm} - 5\ 945\ \text{mm})/6\ 000\ \text{mm} = 0.9\% < 10\%$$

由上述结果说明可按等跨连续板计算内力,l_0 取 x 和 y 方向计算跨度中的较小值,则 l_0 为 4 745 mm。

根据《混凝土结构设计规范》(GB 50010—2010),双向叠合板跨中允许最大挠度为 $l_0/250$。

根据《建筑结构荷载规范》(GB 50009—2010)可得:

$$g_k + q_k = 3.91\ \text{kN/m}^2 + 5\ \text{kN/m}^2 = 8.91\ \text{kN/m}^2$$

按双向叠合板简化计算方法,采用查表法查得挠度计算系数,再计算各区格板的挠度。其具体过程如下:

① A 区格板挠度计算

$$\lambda_e = \frac{l_{0x}}{rl_{0y}} = \frac{0.80}{2.242\ 21^{1/4}} = 0.653\ 76$$

$$a_f = \frac{0.7 - 0.653\ 76}{0.7 - 0.65} \times (0.002\ 24 - 0.002\ 11) + 0.002\ 11 = 0.002\ 23$$

$$w = a_f \times \frac{(g_k + q_k)l_0^4}{D_x} = 0.002\ 23 \times 10^3\ \text{mm} \times \frac{8.91 \times 10^{-3}\ \text{N/mm}^2 \times (4.745 \times 10^3\ \text{mm})^4}{5.843\ 75 \times 10^{12}\ \text{N} \cdot \text{mm}^2}$$

$$= 1.72\ \text{mm}$$

$$w = 1.72\ \text{mm} < \frac{l_0}{250} = \frac{4.745 \times 10^3\ \text{mm}}{250} = 18.98\ \text{mm}(满足要求)$$

② B 区格板挠度计算

$$\lambda_e = \frac{l_{0x}}{rl_{0y}} = \frac{0.79}{2.242\ 21^{1/4}} = 0.645\ 59$$

$$a_f = \frac{0.65 - 0.645\ 59}{0.65 - 0.60} \times (0.004\ 03 - 0.003\ 65) + 0.003\ 65 = 0.003\ 68$$

$$w = a_f \times \frac{(g_k + q_k)l_0^4}{D_x} = 0.003\ 68 \times 10^3\ \text{mm} \times \frac{8.91 \times 10^{-3}\ \text{N/mm}^2 \times (4.745 \times 10^3\ \text{mm})^4}{5.843\ 75 \times 10^{12}\ \text{N} \cdot \text{mm}^2}$$

$$= 2.84\ \text{mm}$$

$$w = 2.84\ \text{mm} < \frac{l_0}{250} = \frac{4.745 \times 10^3\ \text{mm}}{250} = 18.98\ \text{mm}(满足要求)$$

③ C 区格板挠度计算

$$\lambda_e = \frac{l_{0x}}{rl_{0y}} = \frac{0.81}{2.242\ 21^{1/4}} = 0.661\ 94$$

$$a_f = \frac{0.7 - 0.661\ 94}{0.7 - 0.65} \times (0.002\ 40 - 0.002\ 29) + 0.002\ 29 = 0.002\ 37$$

$$w = a_f \times \frac{(g_k + q_k)l_0^4}{D_x} = 0.002\ 37 \times 10^3\ \text{mm} \times \frac{8.91 \times 10^{-3}\ \text{N/mm}^2 \times (4.745 \times 10^3\ \text{mm})^4}{5.843\ 75 \times 10^{12}\ \text{N} \cdot \text{mm}^2}$$

$$= 1.83\ \text{mm}$$

$$w = 1.83 \text{ mm} < \frac{l_0}{250} = \frac{4.745 \times 10^3 \text{ mm}}{250} = 18.98 \text{ mm（满足要求）}$$

④ D 区格板

$$\lambda_e = \frac{l_{0x}}{r l_{0y}} = \frac{0.80}{2.242\ 21^{1/4}} = 0.653\ 76$$

$$a_f = \frac{0.7 - 0.653\ 76}{0.7 - 0.65} \times (0.003\ 99 - 0.003\ 68) + 0.003\ 68 = 0.003\ 97$$

$$w = a_f \times \frac{(g_k + q_k) l_0^4}{D_x} = 0.003\ 97 \times 10^3 \text{ mm} \times \frac{8.91 \times 10^{-3} \text{ N/mm}^2 \times (4.745 \times 10^3 \text{ mm})^4}{5.843\ 75 \times 10^{12} \text{ N} \cdot \text{mm}^2}$$

$$= 3.07 \text{ mm}$$

$$w = 3.07 \text{ mm} < \frac{l_0}{250} = \frac{4.745 \times 10^3 \text{ mm}}{250} = 18.98 \text{ mm（满足要求）}$$

由上述计算可见，双向叠合板产生的挠度很小，可不用再计算预应力产生的反拱值。

（10）裂缝验算

① 双向叠合板跨中裂缝控制

a. 按荷载效应标准组合计算折算荷载

$$g' = g_k + \frac{q_k}{2} = 3.91 \text{ kN/m}^2 + 0.5 \times 5 \text{ kN/m}^2 = 6.41 \text{ kN/m}^2$$

$$q' = \frac{q_k}{2} = 0.5 \times 5 \text{ kN/m}^2 = 2.5 \text{ kN/m}^2$$

b. 按荷载效应标准组合计算各区格板跨中弯矩

（a）A 区格板跨中弯矩计算。

当 $\mu = 0$ 时，

$M_x = 0.8 \times (0.034\ 3 \times 6.41 + 0.074\ 5 \times 2.5) \text{ kN/m}^2 \times (4.8 \text{ m})^2 = 7.49 \text{ kN} \cdot \text{m/m}$

$M_y = 0.8 \times (0.009\ 6 \times 6.41 + 0.027\ 3 \times 2.5) \text{ kN/m}^2 \times (4.8 \text{ m})^2 = 2.39 \text{ kN} \cdot \text{m/m}$

当 $\mu = 0.2$ 时，

$M_x^{(\mu)} = M_x + \mu\lambda M_y = 0.8 \times (9.36 + 0.2 \times 2 \times 2.99) \text{ kN} \cdot \text{m/m} = 8.44 \text{ kN} \cdot \text{m/m}$

当 $\mu = 0.2$ 时，

$M_y^{(\mu)} = M_y + \frac{\mu}{\lambda} M_x = 0.8 \times (2.99 + 0.2 \div 2 \times 9.36) \text{ kN} \cdot \text{m/m} = 3.14 \text{ kN} \cdot \text{m/m}$

（b）B 区格板跨中弯矩计算。

当 $\mu = 0$ 时，

$M_x = (0.045\ 0 \times 6.41 + 0.075\ 7 \times 2.5) \text{ kN/m}^2 \times (4.745 \text{ m})^2 = 10.76 \text{ kN} \cdot \text{m/m}$

$M_y = (0.018\ 0 \times 6.41 + 0.026\ 9 \times 2.5) \text{ kN/m}^2 \times (4.745 \text{ m})^2 = 4.11 \text{ kN} \cdot \text{m/m}$

当 $\mu = 0.2$ 时，

$M_x^{(\mu)} = M_x + \mu\lambda M_y = (10.76 + 0.2 \times 2 \times 4.11) \text{ kN} \cdot \text{m/m} = 12.40 \text{ kN} \cdot \text{m/m}$

当 $\mu = 0.2$ 时，

$$M_y^{(\mu)} = M_y + \frac{\mu}{\lambda} M_x = (4.11 + 0.2 \div 2 \times 10.76) \text{ kN} \cdot \text{m/m} = 5.19 \text{ kN} \cdot \text{m/m}$$

（c）C 区格板跨中弯矩计算。

当 $\mu=0$ 时，

$M_x=(0.036\ 7\times6.41+0.073\ 4\times2.5)\text{kN/m}^2\times(4.8\ \text{m})^2=9.65\ \text{kN}\cdot\text{m/m}$

$M_y=(0.011\ 9\times6.41+0.027\ 8\times2.5)\text{kN/m}^2\times(4.8\ \text{m})^2=3.36\ \text{kN}\cdot\text{m/m}$

当 $\mu=0.2$ 时，

$M_x^{(\mu)}=M_x+\mu\lambda M_y=(9.65+0.2\times2\times3.36)\text{kN}\cdot\text{m/m}=10.99\ \text{kN}\cdot\text{m/m}$

当 $\mu=0.2$ 时，

$M_y^{(\mu)}=M_y+\dfrac{\mu}{\lambda}M_x=(3.36+0.2\div2\times9.65)\text{kN}\cdot\text{m/m}=4.32\ \text{kN}\cdot\text{m/m}$

（d）D 区格板跨中弯矩计算。

当 $\mu=0$ 时，

$M_x=(0.046\ 3\times6.41+0.074\ 5\times2.5)\text{kN/m}^2\times(4.745\ \text{m})^2=10.88\ \text{kN}\cdot\text{m/m}$

$M_y=(0.018\ 4\times6.41+0.027\ 3\times2.5)\text{kN/m}^2\times(4.745\ \text{m})^2=4.19\ \text{kN}\cdot\text{m/m}$

当 $\mu=0.2$ 时，

$M_x^{(\mu)}=M_x+\mu\lambda M_y=(10.88+0.2\times2\times4.19)\text{kN}\cdot\text{m/m}=12.55\ \text{kN}\cdot\text{m/m}$

当 $\mu=0.2$ 时，

$M_y^{(\mu)}=M_y+\dfrac{\mu}{\lambda}M_x=(4.19+0.2\div2\times10.88)\text{kN}\cdot\text{m/m}=5.28\ \text{kN}\cdot\text{m/m}$

c. 短跨方向跨中裂缝控制

预制带肋底板计算长度为 4 800 mm，板宽度为 500 mm，板厚度为 30 mm，板肋宽度为 140 mm，板肋高度为 75 mm，叠合后构件总厚度为 130 mm，混凝土强度等级为 C50，叠合层混凝土强度等级为 C30，混凝土保护层厚度为 15 mm，消除应力螺旋肋钢丝重心到底板下边缘的距离（a_p）为 17.5 mm。

对于预制带肋底板 C50 混凝土，有：

$$E_{c1}=3.45\times10^4\ \text{N/mm}^2,f_{tk1}=2.64\ \text{N/mm}^2$$

对于叠合层 C30 混凝土，有：

$$E_{c2}=3.00\times10^4\ \text{N/mm}^2,f_{tk2}=2.01\ \text{N/mm}^2$$

对于消除应力螺旋钢丝 $\Phi^{H}5$，有：

$$E_p=2.05\times10^5\ \text{N/mm}^2,f_{ptk}=1\ 570\ \text{N/mm}^2,f_{py}=1\ 110\ \text{N/mm}^2$$

预制构件截面混凝土面积为：

$$A_1=500\times30+140\times75=25\ 500\ (\text{mm}^2)$$

叠合层截面混凝土面积为：

$$A_2=500\times130-25\ 500=39\ 500\ (\text{mm}^2)$$

预应力筋面积为：

$$A_p=4\times\frac{\pi d^2}{4}=3.14\times5^2=78.5\ (\text{mm}^2)$$

叠合构件换算截面面积为：

$$\alpha_{Ec}=\frac{E_{c2}}{E_{c1}}=\frac{3.00\times10^4\ \text{N/mm}^2}{3.45\times10^4\ \text{N/mm}^2}=0.87$$

$$\alpha_{Ep}=\frac{E_p}{E_{c1}}=\frac{2.05\times10^5\ \text{N/mm}^2}{3.45\times10^4\ \text{N/mm}^2}=5.94$$

$$A_{01} = A_1 + \alpha_{Ec}A_2 + (\alpha_{Ep} - 1)A_p = 25\ 500 + 0.87 \times 39\ 500 + (5.94 - 1) \times 78.5$$
$$= 60\ 252.79\ (\text{mm}^2)$$

叠合构件截面混凝土对底边的静矩为：
$$S_1 = 500 \times 30 \times 15 + 140 \times 75 \times (30 + 75 \div 2) + 2 \times 180 \times 0.87 \times 100 \times (30 + 100 \div 2)$$
$$+ 80 \times 0.87 \times 25 \times (130 - 25 \div 2)$$
$$= 3\ 643\ 800\ (\text{mm}^3)$$

叠合构件换算截面对底边的静矩为：
$$S_{01} = S_1 + S_{Ap} = 3\ 643\ 800 + (5.94 - 1) \times 78.5 \times 17.5 = 3\ 650\ 586.325\ (\text{mm}^3)$$

叠合构件换算截面重心至底边的距离为：
$$y_{01\text{下}} = \frac{S_{01}}{A_{01}} = \frac{3\ 650\ 586.325\ \text{mm}^3}{60\ 252.79\ \text{mm}^2} = 60.59\ (\text{mm})$$

预应力筋重心至叠合构件换算截面重心的距离为：
$$e_{p01} = y_{01\text{下}} - a_p = 60.59 - 17.5 = 43.09\ (\text{mm})$$

叠合构件换算截面对其重心的惯性矩：
$$I_{01} = \frac{1}{12} \times 500 \times 30^3 + 500 \times 30 \times (60.59 - 15)^2 + \frac{1}{12} \times 140 \times 75^3 + 140 \times 75 \times (30 + 75 \div 2 - 60.59)^2 +$$
$$2 \times \left[\frac{1}{12} \times 180 \times 0.87 \times 100^3 + 180 \times 0.87 \times 100 \times (30 + 100 \div 2 - 60.59)^2 \right] + \frac{1}{12} \times$$
$$80 \times 0.87 \times 25^3 + 80 \times 0.87 \times 25 \times (130 - 25 \div 2 - 60.59)^2 + (5.94 - 1) \times 78.5 \times 43.09^2$$
$$= 81\ 526\ 097.08\ \text{mm}^4$$

单位板宽度的叠合构件理论抗弯截面系数为：
$$W_{01} = \frac{1\ 000}{500} \times \frac{I_{01}}{y_{01\text{下}}} = 2 \times \frac{81\ 526\ 097.08\ \text{mm}^4}{60.59\ \text{mm}} = 2\ 691\ 074.34\ \text{mm}^3$$

D 区格板单位宽度配置 8 根 1570 级 Φ^H5 消除应力螺旋肋钢丝（每块预制带肋底板配置 4 根预应力钢丝），实际配筋面积为 157 mm^2，跨中弯矩的标准组合值 M_k 为 12.55 kN·m。

$$\sigma_{ck} = \frac{M_k}{W_{01}} = \frac{12.55 \times 10^6\ \text{N·mm}}{2\ 691\ 074.34\ \text{mm}^3} = 4.66\ \text{N/mm}^2$$

下面进行张来端锚具变形和钢筋内缩引起的预应力损失计算。

取锚具变形和钢筋内缩值 $a = 5$ mm，取 $l = 5 \times 10^3$ mm，则有：

$$\sigma_{l1} = \frac{a}{l}E_s = \frac{a}{l}E_p = \frac{5\ \text{mm}}{5 \times 10^3\ \text{mm}} \times 2.05 \times 10^5\ \text{N/mm}^2 = 2.05 \times 10^2\ \text{N/mm}^2$$

预应力钢筋的应力松弛引起的预应力损失为：
$$f_{ptk} = 1\ 570\ \text{N/mm}^2$$
$$\sigma_{con} = 0.75 f_{ptk}$$
$$0.7 f_{ptk} < \sigma_{con} \leqslant 0.8 f_{ptk}$$
$$\sigma_{l4} = 0.2 \left(\frac{\sigma_{con}}{f_{ptk}} - 0.575 \right) \sigma_{con}$$
$$= 0.2 \times (0.75 - 0.575) \times 0.75 \times 1\ 570\ \text{N/mm}^2$$
$$= 41.21\ \text{N/mm}^2$$

受拉区预应力筋配筋率为：

$$\rho = \frac{A_p}{A_{01}} = \frac{78.5 \text{ mm}^2}{60\,252.79 \text{ mm}^2} = 1.303 \times 10^{-3}$$

受拉区预应力钢筋合力点处的混凝土法向压应力为：

$$\sigma_{pcI} = \sigma_{11} + \sigma_{14} = 205 + 41.21 = 246.21 (\text{N/mm})^2 \text{［仅考虑混凝土预压前（第一批）的损失］}$$

$$f'_{cu} = 0.75 f_{cu} = 0.75 \times 50 = 37.5 (\text{N/mm})^2$$

应满足 $\sigma_{pcI} \leqslant 0.5 f'_{cu}$，取 $\sigma_{pcI} = 0.5 f'_{cu}$。

混凝土的收缩和徐变引起的预应力损失为：

$$\sigma_{15} = \frac{45 + 280 \dfrac{\sigma_{pcI}}{f'_{cu}}}{1 + 15\rho} = \frac{45 + 280 \times 0.5}{1 + 15 \times 1.303 \times 10^{-3}} \text{ N/mm}^2 = 181.45 \text{ N/mm}^2$$

单位板宽度的预应力钢筋有效拉力（σ_{12}、σ_{13} 不计）为：

$$N_p = \frac{1\,000}{500} \times (\sigma_{con} - \sigma_{11} - \sigma_{14} - \sigma_{15}) A_p$$

$$= 2 \times (0.75 \times 1\,570 - 205 - 41.21 - 181.45) \times 78.5 = 117\,724.88 \text{ N}$$

单位板宽度的叠合构件换算截面面积为：

$$A_0 = \frac{1\,000}{500} A_{01} = 2 \times 60\,252.79 = 120\,505.58 \text{ （mm}^2)$$

扣除全部预应力损失后混凝土的法向预应力为：

$$\sigma_{pc} = \frac{N_p}{A_0} + \frac{N_p e_{p01}}{W_{01}} = \frac{117\,724.88 \text{ N}}{120\,505.58 \text{ mm}^2} + \frac{117\,724.888 \text{ N} \times 43.09 \text{ mm}}{2\,691\,074.34 \text{ mm}^3} = 2.86 \text{ N/mm}^2$$

本方向平行板肋方向，且为强方向，跨中裂缝控制等级为二级，即一般要求不出现裂缝，应满足：

$$\sigma_{ck} - \sigma_{pc} \leqslant f_{tk}$$

因为

$$\sigma_{ck} - \sigma_{pc} = 4.66 - 2.86 = 1.80 \text{ N/mm}^2 \leqslant f_{tk} = f_{tk1} = 2.64 \text{ N/mm}^2$$

所以满足要求。

其他区格板的相关验算在此省略。

d. 长跨方向跨中裂缝验算

单位板宽度内，D 区格板按 $\Phi 8@200$ 配筋，实际配筋面积为 252 mm²，跨中弯矩的标准组合值为：

$$M_k = 5.28 \text{ kN} \cdot \text{m}$$

混凝土强度等级为 C30，则有：

$$f_{tk} = 2.01 \text{ N/mm}^2$$

混凝土保护层厚度为：

$$c = 3 \text{ mm} < 20 \text{ mm}$$

取 c = 20 mm。

由

$$E_s = 2.00 \times 10^5 \text{ N/mm}^2$$

$$A_s = 252 \text{ mm}^2$$

$$b = 1\,000 \text{ mm}$$

$$h = 100 \text{ mm}$$

$$h_0 = 100 - (20 + 8 \div 2) = 76 \text{ mm}$$

得：

$$\rho_{te} = \frac{A_s}{A_{te}} = \frac{A_s}{0.5bh} = \frac{252 \text{ mm}^2}{0.5 \times 1\,000 \text{ mm} \times 100 \text{ mm}} = 0.005\,04$$

$$\sigma_{sk} = \frac{M_k}{0.87h_0A_s} = \frac{5.28 \times 10^6 \text{ N} \cdot \text{mm}}{0.87 \times 76 \text{ mm} \times 252 \text{ mm}^2} = 317 \text{ N/mm}^2$$

$$\psi = 1.1 - \frac{0.65f_{tk}}{\rho_{te} \cdot \sigma_{sk}} = 1.1 - \frac{0.65 \times 2.01 \text{ N/mm}^2}{0.005\,04 \times 317 \text{ N/mm}^2} = 0.282$$

由

$$\nu_i = \nu = 1.0$$

得：

$$d_{eq} = d/\nu = 8 \text{ mm}$$

$$w_{lim} = 0.3 \text{ mm}$$

$$\begin{aligned}
w_{max} &= 2.1\psi \frac{\sigma_{sk}}{E_s}\left(1.9c + 0.08\frac{d_{eq}}{\rho_{te}}\right) \\
&= 2.1 \times 0.282 \times \frac{317 \text{ N/mm}^2}{2.00 \times 10^5 \text{ N/mm}^2} \times \left(1.9 \times 20 \text{ mm} + 0.08 \times \frac{8}{0.005\,04}\text{mm}\right) \\
&= 0.155 \text{ mm} < 0.3 \text{ mm}
\end{aligned}$$

所以满足要求。

其他区格板的相关验算在此省略。

② 双向叠合板支座顶面最大裂缝宽度验算

a. 按荷载效应标准组合计算各区格板支座负弯矩

（a）A 区格板负弯矩。

$$M_{x'} = -0.076\,4 \times 8.91 \text{ kN/m}^2 \times (4.8 \text{ m})^2 \times 0.8 = -12.55 \text{ kN} \cdot \text{m/m}$$

$$M_{y'} = -0.057\,1 \times 8.91 \text{ kN/m}^2 \times (4.8 \text{ m})^2 \times 0.8 = -9.38 \text{ kN} \cdot \text{m/m}$$

（b）B 区格板负弯矩。

$$M_{x'} = -0.097\,6 \times 8.91 \text{ kN/m}^2 \times (4.745 \text{ m})^2 = -19.58 \text{ kN} \cdot \text{m/m}$$

$$M_{y'} = -0.076\,3 \times 8.91 \text{ kN/m}^2 \times (4.745 \text{ m})^2 = -15.31 \text{ kN} \cdot \text{m/m}$$

（c）C 区格板负弯矩。

$$M_{x'} = -0.079\,1 \times 8.91 \text{ kN/m}^2 \times (4.8 \text{ m})^2 = -16.24 \text{ kN} \cdot \text{m/m}$$

$$M_{y'} = -0.057\,2 \times 8.91 \text{ kN/m}^2 \times (4.8 \text{ m})^2 = -11.74 \text{ kN} \cdot \text{m/m}$$

（d）D 区格板负弯矩。

$$M_{x'} = -0.104\,1 \times 8.91 \text{ kN/m}^2 \times (4.745 \text{ m})^2 = -20.88 \text{ kN} \cdot \text{m/m}$$

$$M_{y'} = -0.077\,6 \times 8.91 \text{ kN/m}^2 \times (4.745 \text{ m})^2 = -15.57 \text{ kN} \cdot \text{m/m}$$

（e）A-B 支座负弯矩。

$$M_{x'} = -\frac{1}{2} \times (12.55 + 19.58)\text{kN} \cdot \text{m/m} = -16.065 \text{ kN} \cdot \text{m/m}$$

（f）A-C 支座负弯矩。

$$M_{y'} = -\frac{1}{2} \times (9.38 + 11.74) \text{kN} \cdot \text{m/m} = -10.56 \text{ kN} \cdot \text{m/m}$$

（g）B-D 支座负弯矩。

$$M_{y'} = -\frac{1}{2} \times (15.31 + 15.57) \text{kN} \cdot \text{m/m} = -15.44 \text{ kN} \cdot \text{m/m}$$

（h）C-D 支座负弯矩。

$$M_{x'} = -\frac{1}{2} \times (16.24 + 20.88) \text{kN} \cdot \text{m/m} = -18.56 \text{ kN} \cdot \text{m/m}$$

b. 短跨方向支座顶面裂缝验算

单位板宽度内，C-D 支座按 Φ 10 @100 配筋，实际配筋面积为 785 mm²，其负弯矩标准组合值（绝对值）M_k 为 18.56 kN · m。

叠合层混凝土强度等级为 C30，则 $f_{tk} = 2.01$ N/mm²。

由于混凝土保护层厚度 $c = 15$ mm < 20 mm，所以取 $c = 20$ mm。

由

$$E_s = 2.00 \times 10^5 \text{ N/mm}^2$$

$$A_s = 785 \text{ mm}^2$$

$$b_f = 1\,000 \text{ mm}$$

$$h_f = 30 \text{ mm}$$

得：

$$\alpha_E = \frac{E_{c2}}{E_{c1}} = \frac{3.00 \times 10^4 \text{ N/mm}^2}{3.45 \times 10^4 \text{ N/mm}^2} = 0.87$$

$$b = \alpha_E b_f = 0.87 \times 1\,000 \text{ mm} = 870 \text{ mm}$$

由

$$h = 130 \text{ mm}$$

得：

$$h_0 = 130 - (20 + 10 \div 2) = 105 \text{ mm}$$

由上述参数得：

$$\rho_{te} = \frac{A_s}{A_{te}} = \frac{A_s}{0.5bh + (b_f - b)h_f}$$

$$= \frac{785 \text{ mm}^2}{0.5 \times 870 \text{ mm} \times 130 \text{ mm} + (1\,000 \text{ mm} - 870 \text{ mm}) \times 30 \text{ mm}} = 0.013$$

$$\sigma_{sk} = \frac{M_k}{0.87h_0 A_s} = \frac{18.56 \times 10^6 \text{ N} \cdot \text{mm}}{0.87 \times 105 \text{ mm} \times 785 \text{ mm}^2} = 259 \text{ N/mm}^2$$

$$\psi = 1.1 - \frac{0.65 f_{tk}}{\rho_{te} \cdot \sigma_{sk}} = 1.1 - \frac{0.65 \times 2.01 \text{ N/mm}^2}{0.013 \times 259 \text{ N/mm}^2} = 0.712$$

由

$$\nu_i = \nu = 1.0$$

得：

$$d_{eq} = d / \nu = 10 \text{ mm}$$

$$w_{lim} = 0.3 \text{ mm}$$

$$w_{max} = 2.1\psi \frac{\sigma_{sk}}{E_s}\left(1.9c + 0.08\frac{d_{eq}}{\rho_{te}}\right)$$

$$= 2.1 \times 0.712 \times \frac{259 \text{ N/mm}^2}{2.00 \times 10^5 \text{ N/mm}^2} \times \left(1.9 \times 20 \text{ mm} + 0.08 \times \frac{10}{0.013}\text{mm}\right)$$

$$= 0.193 \text{ mm} < 0.3 \text{ mm}$$

由于 w_{max} 小于 w_{lim}，所以满足要求。

其他支座的相关验算在此省略。

c. 长跨方向支座顶面裂缝验算

单位板宽度内，B-D 支座按Φ10@110配筋，实际配筋面积为707 mm²，其负弯矩标准组合值（绝对值）M_k 为 15.44 kN·m。

叠合层混凝土强度等级为C30，所以 $f_{tk} = 2.01$ N/mm²。

由于混凝土保护层厚度 $c = 15$ mm < 20 mm，所以取 $c = 20$ mm。

由

$$E_s = 2.00 \times 10^5 \text{ N/mm}^2$$

$$A_s = 707 \text{ mm}^2$$

$$b_f = 1\,000 \text{ mm}$$

$$h_f = 30 \text{ mm}$$

得：

$$\alpha_{Ec} = \frac{E_{c2}}{E_{c1}} = \frac{3.00 \times 10^4 \text{ N/mm}^2}{3.45 \times 10^4 \text{ N/mm}^2} = 0.87$$

$$b = \alpha_E b_f = 0.87 \times 1\,000 \text{ mm} = 870 \text{ mm}$$

由

$$h = 130 \text{ mm}$$

得：

$$h_0 = 130 - (20 + 10 \div 2) = 105 \text{ mm}$$

由上述参数得：

$$\rho_{te} = \frac{A_s}{A_{te}} = \frac{A_s}{0.5bh + (b_f - b)h_f}$$

$$= \frac{707 \text{ mm}^2}{0.5 \times 870 \text{ mm} \times 130 \text{ mm} + (1\,000 \text{ mm} - 870 \text{ mm}) \times 30 \text{ mm}} = 0.012$$

$$\sigma_{sk} = \frac{M_k}{0.87h_0A_s} = \frac{15.44 \times 10^6 \text{ N}\cdot\text{mm}}{0.87 \times 105 \text{ mm} \times 707 \text{ mm}^2} = 239 \text{ N/mm}^2$$

$$\psi = 1.1 - \frac{0.65f_{tk}}{\rho_{te}\cdot\sigma_{sk}} = 1.1 - \frac{0.65 \times 2.01 \text{ N/mm}^2}{0.012 \times 239 \text{ N/mm}^2} = 0.644$$

由

$$\nu_i = \nu = 1.0$$

得：

$$d_{eq} = d/\nu = 10 \text{ mm}$$

$$w_{lim} = 0.3 \text{ mm}$$

$$w_{\max} = 2.1\psi\frac{\sigma_{sk}}{E_s}\left(1.9c + 0.08\frac{d_{eq}}{\rho_{te}}\right)$$

$$= 2.1\times 0.644\times$$

$$\frac{239\ \mathrm{N/mm^2}}{2.00\times 10^5\ \mathrm{N/mm^2}}\times\left(1.9\times 20\ \mathrm{mm} + 0.08\times\frac{10}{0.012}\mathrm{mm}\right)$$

$$= 0.169\ \mathrm{mm} < 0.3\ \mathrm{mm}$$

所以满足要求。

其他支座的相关验算在此省略。

6.3　本 章 小 结

本章算例中的楼盖为双向板肋梁楼盖。本章采用叠合板方案,按照双向叠合板的简化弹性计算方法来设计该楼盖。

(1) 设计该楼盖时,分别进行了截面设计、材料选定、刚度计算、计算跨度计算、截面有效高度计算、荷载计算、弯矩计算、截面配筋,最后进行了正常使用情况下挠度和裂缝宽度的验算,其验算结果均满足要求。

(2) 计算该楼盖的挠度、弯矩时,直接按照双向叠合板的等效跨度比,采用线性插值法查用各向同性板的弹性计算系数表,利用查得的挠度、弯矩计算系数来计算各区格板的挠度计算系数、弯矩,简化了双向叠合板的弹性计算过程。

第7章　双向叠合板塑性计算方法研究

7.1　概　　述

传统混凝土叠合板普遍采用预制实心平板作为永久性底模。由于预制实心平板厚度较大（一般不小于 50 mm），导致垂直预制实心平板长度方向的叠合板有效厚度过小，不宜双向配筋，所以荷载传递主要采用单向板传力模式。

混凝土叠合板究竟能不能较好地实现双向配筋。围绕这个问题，国内外学者做了大量的研究。聂磊等通过在预制构件板侧预留横向钢筋，现场拼接后浇筑接头及叠合层混凝土而形成双向配筋叠合板。根据混凝土叠合板的拼接试验研究，聂磊等提出了这种双向配筋叠合板的内力和配筋计算方法。徐天爽和徐有邻对叠合板板侧各种拼接缝的构造及传力性能进行了试验研究，提出了合理的整体式拼缝构造形式及计算方法。按照以上两种拼缝处理方法，混凝土叠合板能够较好地实现双向受力，整体性较好，但是施工时拼缝处理十分麻烦，这降低了该叠合板的施工速度，影响了其推广应用。为解决以上问题，国内外学者提出了将预制实心平板改进为带肋的预制板件，提高了预制板件的刚度和承载力，增加了预制板件与叠合层的黏结力，且可使底板变更薄了，减轻了双向叠合板的自重。由于垂直预制板件长度方向难以配筋，所以他们仍按单向板进行设计。在带肋预制板件的基础上，为提高叠合后板的整体性能和更好地实现双向受力效应，钱永梅和邹超英将预制构件肋内预留直径为 10 mm、间距为 200 mm 的圆孔，以便在浇叠合层前穿入钢筋；通过 3 000 mm×3 000 mm×100 mm 的等比例钢筋混凝土叠合板试验，论证了这种叠合板的双向受力性能；同时通过试验验证了该构造措施的有效性、刚度和极限承载力计算公式的可行性，但是并未给出均布荷载作用下其他常见边界条件下这种叠合板的极限承载力计算公式。国家现行标准《预制带肋底板混凝土叠合楼板技术规程》(JGJ/T 258—2011)由于采用了预制带肋底板，所以双向叠合板在平行板肋方向（强方向）的刚度得到了明显加强；而在垂直板肋方向（弱方向）存在一系列拼缝，这削弱了该方向的刚度。因此，强制带肋底板的双向叠合板正交两个方向的刚度差别较大，呈正交构造异性板特征。

双向叠合板已经得到了广泛应用，但目前其设计方法主要采用基于弹性薄板理论的线弹性分析方法。塑性铰线理论用于钢筋混凝土现浇板的分析已有大约 90 年历史。英格斯拉夫通过假定荷载平衡以及塑性铰线上只有弯矩作用，第一次对四边简支钢筋混凝土矩形板进行塑性极限分析。琼斯与约翰森基于正交力矩法（normal moment method）推导了各种不同边界条件下的矩形现浇板的塑性铰线方程，他们仍然假定塑性铰线上只有弯矩作用。昆塔斯提出一种斜交力矩法（skew moment method），在塑性铰线上同时考虑弯矩与扭矩的作用。采用该方法时需要定义新的极限平衡方程且能得到更准确的结果。

塑性铰线理论在现浇板中的应用较为成熟。对于双向叠合板,由于正交两个方向的有效厚度不同,所以相同条件下的极限承载力与塑性铰线形成位置与现浇板差异较大。尚未有公开的文献对"采用塑性铰线理论对其极限荷载"进行探讨。本章主要针对均布荷载作用下常见边界条件的双向叠合板,依据塑性铰线理论,推导了均布荷载作用下常见边界条件双向叠合板的极限承载力与塑性铰线的形成位置,提出了双向叠合板正交两个方向单位宽度极限弯矩的简化计算公式,进行了 2 个均布荷载作用下四边简支与 1 个四边固支双向叠合板 3 个算例的塑性极限分析。其分析结果表明:基于本章给出的极限承载力公式的计算结果与试验结果吻合较好。在实际工程中可按本章建议公式进行双向叠合板极限承载力及塑性铰线形成位置的分析。

7.2　四边固支双向叠合板塑性计算方法研究

7.2.1　公式推导

在对称支座配筋条件下,且在均布荷载作用下四边固支双向叠合板产生的破坏机构如图 7-1 所示。在图 7-1 中双向叠合板短边跨长为 l_x,长边跨长为 l_y,令 $l_y = n l_x$ 则 $n \geqslant 1$。m_x、m_y、$m_{x'}$、$m_{x''}$、$m_{y'}$、$m_{y''}$ 分别为各塑性铰线在单位长度上的极限弯矩。令 $m_y = \alpha m_x$,则 $\alpha \leqslant 1$。当支座对称配筋时,$m_{x'} = m_{x''}$,$m_{y'} = m_{y''}$。令短跨方向、长跨方向支座极限弯矩与跨中极限弯矩关系为 $m_{x'} = m_{x''} = \beta_x m_x$,$m_{y'} = m_{y''} = \beta_y m_y$。

因为板各控制截面所采用的配筋量(极限弯矩值)不同,所以塑性铰线的位置未知。引入 $x = s l_x$。$l_x/2$ 可确定塑性铰线的位置,如图 7-1 所示。其中 θ 为一塑性铰线与短边 l_x 的夹角。

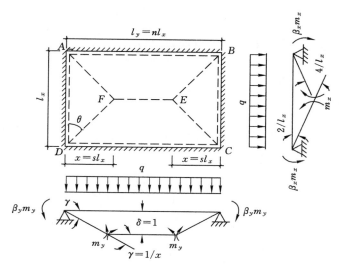

图 7-1　均布荷载作用下四边固支双向叠合板的破坏机构

采用虚功原理。在极限均布荷载 q 的作用下形成破坏机构时板中点产生虚位移为 1,任意点虚位移为 $\omega(x,y)$,外力所做的功与内力(塑性铰上的极限弯矩)所做的功两者相等。

极限均布荷载 q 所做的外功为：

$$\boldsymbol{W}_{\mathrm{E}} = q \sum_n \iint_{A_n} \omega(x,y)\,\mathrm{d}A_n = q\left(\frac{l_x}{2} \times l_y \times 1 - 2 \times \frac{1}{3} \times \frac{l_x}{2} \times sl_x \times 1\right)$$

$$= \frac{ql_x}{6}(3l_y - 2sl_x) = \frac{ql_x^2}{6}(3n - 2s) \tag{7-1}$$

内力功可根据各塑性铰上的极限弯矩在相对转角上所做功来计算，即有：

$$\boldsymbol{W}_{\mathrm{I}} = -\sum m_i l_i \gamma_i = -\left(m_x l_y \frac{4}{l_x} + m_{x'} l_y \frac{4}{l_x} + m_y l_x \frac{2}{x} + m_{y'} l_x \frac{2}{x}\right)$$

$$= -2\left[2n(1+\beta_x) + \frac{\alpha}{s}(1+\beta_y)\right]m_x \tag{7-2}$$

$$W_{\mathrm{E}} + W_{\mathrm{I}} = 0 \tag{7-3}$$

由式(7-1)至式(7-3)可解得双向叠合板极限均布荷载 q 的基本公式为：

$$q = \frac{12m_x}{l_x^2} \frac{2n(1+\beta_x) + \frac{\alpha}{s}(1+\beta_y)}{3n - 2s} \tag{7-4}$$

为求得最危险的塑性铰线位置或极限荷载均布荷载的最小值，根据上限定理，可由极限均布荷载 q 为极小值的条件求出。

由 $\dfrac{\mathrm{d}q}{\mathrm{d}s}=0$，经过简化，可得：

$$s^2 + \frac{\alpha(1+\beta_y)}{n(1+\beta_x)}s - \frac{3\alpha(1+\beta_y)}{4(1+\beta_x)} = 0 \tag{7-5}$$

令 $\lambda = \dfrac{1+\beta_y}{1+\beta_x}$，代入式(7-5)得：

$$s^2 + \frac{\alpha\lambda}{n}s - \frac{3\alpha\lambda}{4} = 0 \tag{7-6}$$

解方程(7-6)，取大于零的根为 s 的可能解，得：

$$s = \frac{\alpha\lambda}{2n}\left(\sqrt{1 + \frac{3n^2}{\alpha\lambda}} - 1\right) \tag{7-7}$$

令 $\varphi = \alpha\lambda$，则有：

$$s = \frac{\varphi}{2n}\left(\sqrt{1 + \frac{3n^2}{\varphi}} - 1\right) \tag{7-8}$$

则得：

$$x = \frac{\varphi l_x}{2n}\left(\sqrt{1 + \frac{3n^2}{\varphi}} - 1\right) \tag{7-9}$$

令

$$\alpha_q = 12\left[\frac{2n(1+\beta_x) + \frac{\alpha}{s}(1+\beta_y)}{3n - 2s}\right] \tag{7-10}$$

将式(7-10)代入式(7-4)，整理得：

$$q = \alpha_q \frac{m_x}{l_x^2} \tag{7-11}$$

令 $\alpha_m = \dfrac{1}{\alpha_q}$，代入式(7-11)有：

$$m_x = \alpha_m q l_x^2 \qquad\qquad (7\text{-}12)$$

式(7-11)和式(7-12)分别为四边固支双向叠合板的极限均布荷载和极限弯矩计算公式，α_q 与 α_m 分布为双向叠合板的极限均布荷载系数和极限弯矩系数。由式(7-10)可见，四边固支双向叠合板的极限弯矩系数 α_m 与其边长比 n、与跨中两个方向配筋相关的比值 α 以及支座配筋等因素有关。

7.2.2 塑性铰线位置确定

塑性铰线位置可由 s 或 θ 确定。

（1）s 的讨论：按式(7-8)进行计算。

系数 s 随参数 $n(1 \leqslant n \leqslant 3)$、$\varphi(\varphi \leqslant 1.0)$ 变化的情况见表7-1。

表 7-1 系数 s 表

φ / n	0.1	0.2	0.3	0.4	0.5	0.6	0.7	0.8	0.9	1.0
1.0	0.228	0.300	0.347	0.383	0.411	0.435	0.455	0.472	0.487	0.500
1.1	0.232	0.307	0.357	0.395	0.426	0.451	0.473	0.492	0.509	0.524
1.2	0.235	0.313	0.366	0.406	0.439	0.466	0.489	0.510	0.528	0.544
1.3	0.238	0.318	0.373	0.415	0.450	0.479	0.504	0.526	0.545	0.563
1.4	0.240	0.322	0.379	0.423	0.459	0.490	0.516	0.540	0.561	0.580
1.5	0.243	0.326	0.385	0.430	0.468	0.500	0.528	0.553	0.575	0.595
1.6	0.244	0.330	0.390	0.437	0.476	0.509	0.538	0.564	0.587	0.608
1.7	0.246	0.333	0.394	0.443	0.483	0.517	0.547	0.574	0.598	0.620
1.8	0.247	0.336	0.398	0.448	0.489	0.525	0.556	0.584	0.609	0.632
1.9	0.249	0.338	0.402	0.452	0.495	0.531	0.563	0.592	0.618	0.642
2.0	0.250	0.341	0.405	0.457	0.500	0.537	0.570	0.600	0.627	0.651
2.1	0.251	0.343	0.408	0.461	0.505	0.543	0.577	0.607	0.635	0.660
2.2	0.252	0.345	0.411	0.464	0.509	0.548	0.583	0.614	0.642	0.668
2.3	0.253	0.346	0.414	0.468	0.513	0.553	0.588	0.620	0.649	0.676
2.4	0.254	0.348	0.416	0.471	0.517	0.557	0.593	0.626	0.655	0.682
2.5	0.255	0.349	0.418	0.474	0.520	0.561	0.598	0.631	0.661	0.689
2.6	0.255	0.351	0.420	0.476	0.524	0.565	0.602	0.636	0.667	0.695
2.7	0.256	0.352	0.422	0.479	0.527	0.569	0.606	0.640	0.672	0.700
2.8	0.257	0.353	0.424	0.481	0.530	0.572	0.610	0.645	0.676	0.706
2.9	0.257	0.354	0.425	0.483	0.532	0.575	0.614	0.649	0.681	0.711
3.0	0.258	0.355	0.427	0.485	0.535	0.578	0.617	0.653	0.685	0.715

注：① 表中粗实线左边 s 值小于或等于 5，粗直线右边 s 值大于 0.5；② s 值等于 0.5 时，$\theta = 45°$。

根据式(7-7)可列出系数 s 随参数 n、α、λ 变化的关系曲线,如图 7-2～图 7-7 所示。

(2) θ 的讨论:按下式进行计算。

$$\theta = \arctan(2s) = \arctan\left[\frac{\varphi}{n}\left(\sqrt{1+\frac{3n^2}{\varphi}}-1\right)\right] \tag{7-13}$$

系数 θ 随参数 $n(1 \leqslant n \leqslant 3)$、$\varphi(\varphi \leqslant 1.0)$ 变化的情况见表 7-2。

表 7-2　系数 θ 表

n \ φ	0.1	0.2	0.3	0.4	0.5	0.6	0.7	0.8	0.9	1.0
1.0	24.550	30.964	34.799	37.459	39.450	41.013	42.282	43.337	44.231	45.000
1.1	24.906	31.543	35.541	38.329	40.425	42.077	43.421	44.542	45.495	46.316
1.2	25.206	32.032	36.169	39.066	41.251	42.978	44.386	45.564	46.567	47.433
1.3	25.463	32.452	36.707	39.698	41.959	43.749	45.214	46.440	47.485	48.391
1.4	25.684	32.814	37.173	40.244	42.571	44.417	45.929	47.197	48.280	49.219
1.5	25.878	33.131	37.580	40.721	43.105	45.000	46.554	47.858	48.973	49.941
1.6	26.048	33.410	37.938	41.141	43.576	45.513	47.103	48.439	49.583	50.576
1.7	26.199	33.657	38.255	41.513	43.993	45.967	47.590	48.954	50.122	51.138
1.8	26.334	33.878	38.539	41.846	44.365	46.373	48.023	49.413	50.603	51.638
1.9	26.456	34.077	38.794	42.144	44.699	46.736	48.412	49.824	51.034	52.087
2.0	26.565	34.256	39.024	42.413	45.000	47.064	48.763	50.194	51.422	52.490
2.1	26.664	34.419	39.232	42.658	45.273	47.361	49.081	50.530	51.774	52.856
2.2	26.755	34.567	39.423	42.880	45.522	47.632	49.370	50.835	52.093	53.188
2.3	26.838	34.703	39.597	43.084	45.749	47.879	49.634	51.114	52.385	53.492
2.4	26.914	34.828	39.757	43.271	45.958	48.106	49.876	51.370	52.652	53.769
2.5	26.984	34.943	39.904	43.443	46.150	48.314	50.099	51.605	52.898	54.025
2.6	27.049	35.049	40.040	43.602	46.327	48.507	50.305	51.822	53.125	54.261
2.7	27.110	35.148	40.166	43.749	46.492	48.686	50.495	52.023	53.335	54.479
2.8	27.166	35.239	40.284	43.886	46.645	48.851	50.672	52.209	53.530	54.681
2.9	27.218	35.325	40.393	44.014	46.787	49.006	50.837	52.382	53.711	54.869
3.0	27.267	35.405	40.495	44.133	46.920	49.150	50.990	52.544	53.880	55.044

注:表中粗实线左边 θ 值小于或等于45°,粗直线右边 θ 值大于45°。

7.3　四边简支双向叠合板塑性计算方法研究

对于均布荷载作用下四边简支双向叠合板的求解,只需令第 7.2 节中 $m_{x'}=m_{x''}=m_{y'}=m_{y''}=0$、$\beta_x=\beta_y=0$,代入相关公式,则有:

$$\lambda = 1 \tag{7-14}$$

$$\varphi = \alpha \tag{7-15}$$

$$s = \frac{\alpha}{2n}\left(\sqrt{1 + \frac{3n^2}{\alpha}} - 1\right) \tag{7-16}$$

$$x = \frac{\alpha l_x}{2n}\left(\sqrt{1 + \frac{3n^2}{\alpha}} - 1\right) \tag{7-17}$$

$$\alpha_q = 12\left(\frac{2n + \dfrac{\alpha}{s}}{3n - 2s}\right) \tag{7-18}$$

$$\alpha_m = \frac{1}{12}\left(\frac{3n - 2s}{2n + \dfrac{\alpha}{s}}\right) \tag{7-19}$$

从式(7-18)可见,四边简支双向叠合板的极限荷载系数与其两个方向的跨度比 n 及极限弯矩比 α 有关。s 值与系数 α 和 n 的关系曲线如图 7-2～图 7-7 所示。θ 值与系数 α 和 n 的关系曲线如图 7-2～图 7-7 所示。从图 7-2～图 7-7 可见,随着双向叠合板两个跨度方向上极限弯矩比 α 的增加,夹角 θ 值随着增大;随着双向叠合板跨度比 n 的增大,夹角 θ 值亦随之增大。将表 7-1、表 7-2 中的 φ 替换成 α 即可得到随 α、n 变化的系数 s 表及系数 θ 表。

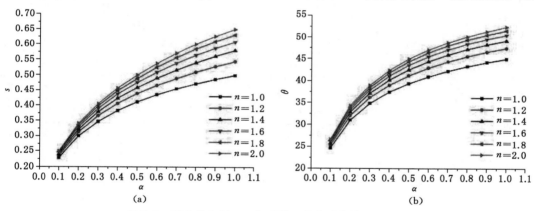

图 7-2　双向叠合板 s、θ 与系数 α 的关系曲线($\lambda = 1.0$)

(a) s-α 曲线;(b) θ-α 曲线

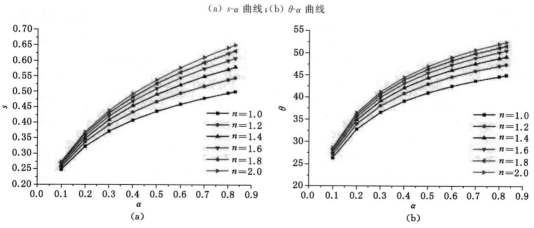

图 7-3　双向叠合板 s、θ 与系数 α 的关系曲线($\lambda = 1.2$)

(a) s-α 曲线;(b) θ-α 曲线

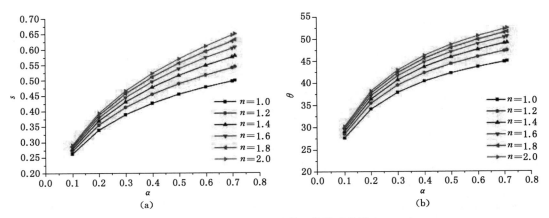

图 7-4　双向叠合板 s、θ 与系数 α 的关系曲线($\lambda=1.4$)

(a) s-α 曲线；(b) θ-α 曲线

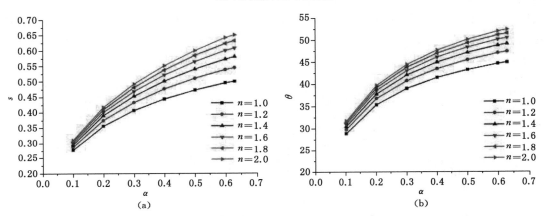

图 7-5　双向叠合板 s、θ 与系数 α 的关系曲线($\lambda=1.6$)

(a) s-α 曲线；(b) θ-α 曲线

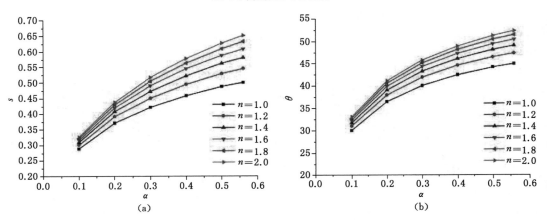

图 7-6　双向叠合板 s、θ 与系数 α 的关系曲线($\lambda=1.8$)

(a) s-α 曲线；(b) θ-α 曲线

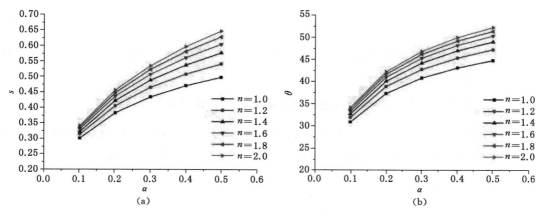

图 7-7 双向叠合板 s、θ 与系数 α 的关系曲线（$\lambda = 2.0$）

(a) s-α 曲线；(b) θ-α 曲线

7.4 两对边简支另两对边固支双向叠合板塑性计算方法研究

根据边界条件分为两种情况。一种情况是针对两短对边简支另两长对边固支叠合板，另一种情况是针对两长对边简支另两短对边固支双向叠合板。

7.4.1 两短对边简支另两长对边固支双向叠合板塑性计算方法研究

对于均布荷载作用下两短对边简支另两长对边固支双向叠合板的求解（简支边长度为 l_x，如图 7-8 所示），只需令第 7.2 节中 $m_{y'} = m_{y''} = 0$、$\beta_y = 0$，代入相关公式，则有：

$$\lambda = \frac{1}{1 + \beta_x} < 1 \tag{7-20}$$

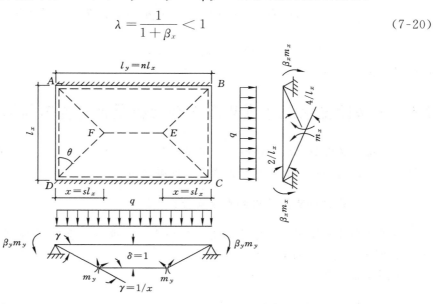

图 7-8 均布荷载作用下两短对边简支另两长对边固支双向叠合板的破坏机构

$$\varphi = \frac{\alpha}{1+\beta_x} < 1 \tag{7-21}$$

将式(7-20)、式(7-21)分别代入式(7-8)、式(7-9)、式(7-11)、式(7-12)、式(7-13),即可得 s、x、α_q、α_m、θ。

7.4.2 两长对边简支另两短对边固支双向叠合板塑性计算方法研究

对于均布荷载两长对边简支另两短对边固支双向叠合板的求解(固支边长度为 l_x,如图 7-9 所示),只需令第 7.2 节中 $m_{x'} = m_{x''} = 0$,$\beta_x = 0$,代入相关公式,则有:

$$\lambda = 1 + \beta_y > 1 \tag{7-22}$$

$$\varphi = \alpha(1+\beta_y) \tag{7-23}$$

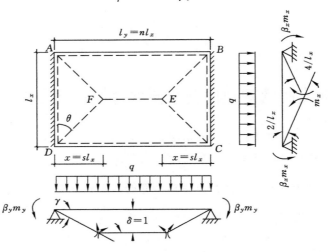

图 7-9　均布荷载作用下两长边简支另两短对边固支双向叠合板的破坏机构

将式(7-22)、式(7-23)分别代入式(7-8)、式(7-9)、式(7-11)、式(7-12)、式(7-13),即可得 s、x、α_q、α_m、θ。

7.5 一边简支另三边固支双向叠合板塑性计算方法研究

根据边界条件分为两种情况。一种情况是针对一短边简支另三边固支双向叠合板,另一种情况是针对一长边简支另三边固支双向叠合板。

7.5.1 一短边简支另三边固支双向叠合板

对于均布荷载作用下一短边简支另三边固支双向叠合板的求解(简支边长度为 l_x 如图 7-10 所示),其公式推导过程如下所述。

极限均布荷载 q 所做的外功为:

$$\boldsymbol{W}_E = q\sum_n \iint_{A_n} \omega(x,y)\,\mathrm{d}A_n = q\left[\frac{l_x}{2}\times l_y - \frac{1}{3}\times\frac{l_x}{2}\times(s_1 l_x + s_2 l_x)\right]$$

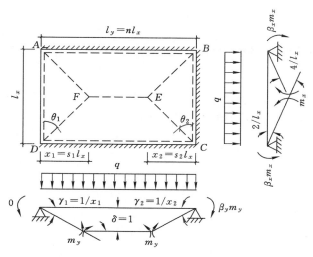

图 7-10　均布荷载作用下一短边简支另三边固支双向叠合板的破坏机构

$$= \frac{ql_x}{6} \left[3l_y - (s_1 + s_2) l_x \right] = \frac{ql_x^2}{6} \left[3n - (s_1 + s_2) \right] \tag{7-24}$$

内力功可根据各塑性铰上的极限荷载上的极限弯矩在相对转角上所做功来计算,即有:

$$\boldsymbol{W}_\mathrm{I} = - \sum m_i l_i \gamma_i = - \left[m_x l_y \frac{4}{l_x} + m_{x'} l_y \frac{4}{l_x} + m_y l_x \left(\frac{1}{x_1} + \frac{1}{x_2} \right) + m_{y'} l_x \frac{1}{x_2} \right]$$

$$= - \left[4n (1 + \beta_x) + \alpha \left(\frac{1}{s_1} + \frac{1 + \beta_y}{s_2} \right) \right] m_x \tag{7-25}$$

$$\boldsymbol{W}_\mathrm{E} + \boldsymbol{W}_\mathrm{I} = 0 \tag{7-26}$$

根据式(7-26)可解得双向叠合板极限均布荷载 q 的基本公式为:

$$q = \frac{6m_x}{l_x^2} \frac{4n (1 + \beta_x) + \alpha \left(\dfrac{1}{s_1} + \dfrac{1 + \beta_y}{s_2} \right)}{3n - (s_1 + s_2)} \tag{7-27}$$

为求得最危险的塑性铰线位置或极限荷载均布荷载的最小值,根据上限定理,可由极限均布荷载 q 为极小值的条件求出。

由 $\dfrac{\mathrm{d}q}{\mathrm{d}s_1} = 0$,可得:

$$\frac{\mathrm{d}q}{\mathrm{d}s_1} = \frac{6m_x}{l_x^2} \frac{\left[3n - (s_1 + s_2) \right] \dfrac{-\alpha}{s_1^2} + \left[4n (1 + \beta_x) + \alpha \left(\dfrac{1}{s_1} + \dfrac{1 + \beta_y}{s_2} \right) \right]}{\left[3n - (s_1 + s_2) \right]^2} = 0 \tag{7-28}$$

由 $\dfrac{\mathrm{d}q}{\mathrm{d}s_2} = 0$,可得:

$$\frac{\mathrm{d}q}{\mathrm{d}s_2} = \frac{6m_x}{l_x^2} \frac{\left[3n - (s_1 + s_2) \right] \dfrac{-\alpha (1 + \beta_y)}{s_2^2} + \left[4n (1 + \beta_x) + \alpha \left(\dfrac{1}{s_1} + \dfrac{1 + \beta_y}{s_2} \right) \right]}{\left[3n - (s_1 + s_2) \right]^2} = 0$$

$$\tag{7-29}$$

通过式(7-28)、式(7-29)可得:

$$s_2 = \sqrt{1+\beta_y}\, s_1 \tag{7-30}$$

将式(7-30)代入式(7-28)，并令 $\lambda_1 = \dfrac{1+\sqrt{1+\beta_y}}{2(1+\beta_x)}$、$\lambda_2 = \dfrac{1}{(1+\beta_x)}$ 得：

$$s_1^2 + \frac{\alpha\lambda_1}{n}s_1 - \frac{3\alpha\lambda_2}{4} = 0 \tag{7-31}$$

解方程(7-30)，取大于零的根为 s 的可能解，得：

$$s_1 = \frac{\alpha\lambda_1}{2n}\left[\sqrt{1+\frac{3n^2\lambda_2}{\alpha\lambda_1^2}} - 1\right] \tag{7-32}$$

$$s_2 = \left(\frac{2\lambda_1}{\lambda_2} - 1\right)s_1 \tag{7-33}$$

令

$$\alpha_q = 6\left[\frac{4n(1+\beta_x)+\alpha\left(\dfrac{1}{s_1}+\dfrac{1+\beta_y}{s_2}\right)}{3n-(s_1+s_2)}\right] \tag{7-34}$$

将式(7-34)代入式(7-27)，整理得：

$$q = \alpha_q \frac{m_x}{l_x^2} \tag{7-35}$$

令 $\alpha_m = \dfrac{1}{\alpha_q}$，代入式(7-11)有：

$$m_x = \alpha_m q l_x^2 \tag{7-36}$$

根据图 7-10，可得 θ_1、θ_2 计算公式为：

$$\theta_1 = \arctan(2s_1) \tag{7-37}$$

$$\theta_2 = \arctan(2s_2) \tag{7-38}$$

7.5.2 一长边简支另三边固支双向叠合板塑性计算方法研究

对于均布荷载作用下一长边简支三边固支双向叠合板的求解（简支边长度为 l_y，如图 7-11所示），其公式推导过程如下所述。

极限均布荷载 q 所做的外功为：

$$W_E = q\sum_n \iint_{A_n}\omega(x,y)\,\mathrm{d}A_n = q\left(\frac{l_x}{2}\times l_y - 2\times\frac{1}{3}\times\frac{l_x}{2}\times s_1 l_x\right)$$

$$= \frac{q l_x}{6}(3l_y - 2s_1 l_x) = \frac{q l_x^2}{6}(3n - 2s_1) \tag{7-39}$$

内力功可根据各塑性铰上的极限荷载上的极限弯矩在相对转角上所做功来计算，即有：

$$W_I = -\sum m_i l_i \gamma_i = -\left[m_x l_y\left(\frac{1}{x_2}+\frac{1}{x_3}\right)+m_{x'}l_y\frac{1}{x_2}+m_y l_x\frac{2}{x_1}+m_{y'}l_x\frac{2}{x_1}\right]$$

$$= -\left[n\left(\frac{1+\beta_x}{s_2}+\frac{1}{1-s_2}\right)+\frac{2\alpha}{s_1}(1+\beta_y)\right]m_x \tag{7-40}$$

$$W_E + W_I = 0 \tag{7-41}$$

根据式(7-41)可解得双向叠合板极限均布荷载 q 的基本公式为：

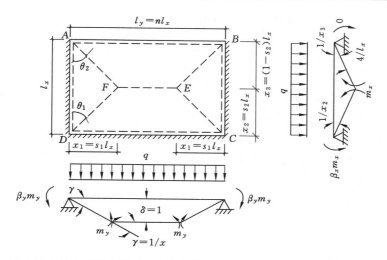

图 7-11　均布荷载作用下一长边简支另三边固支双向叠合板的破坏机构

$$q = \frac{6m_x}{l_x^2} \frac{n\left(\frac{1+\beta_x}{s_2} + \frac{1}{1-s_2}\right) + \frac{2\alpha}{s_1}(1+\beta_y)}{3n - 2s_1} \tag{7-42}$$

为求得最危险的塑性铰线位置或极限荷载均布荷载的最小值,根据上限定理,可由极限均布荷载 q 为极小值的条件求出。

由 $\frac{dq}{ds_1} = 0$,可得:

$$\frac{dq}{ds_1} = \frac{6m_x}{l_x^2} \frac{(3n-2s_1)\frac{-2\alpha(1+\beta_y)}{s_1^2} + 2\left[n\left(\frac{1+\beta_x}{s_2} + \frac{1}{1-s_2}\right) + \frac{2\alpha}{s_1}(1+\beta_y)\right]}{(3n-2s_1)^2} = 0 \tag{7-43}$$

由 $\frac{dq}{ds_2} = 0$,可得:

$$\frac{dq}{ds_2} = \frac{6m_x}{l_x^2} \frac{n\left(-\frac{1+\beta_x}{s_2^2} + \frac{1}{(1-s_2)^2}\right)}{(3n-2s_1)} = 0 \tag{7-44}$$

通过式(7-44)可得:

$$s_2 = \frac{\sqrt{1+\beta_x}}{1+\sqrt{1+\beta_x}} \tag{7-45}$$

令 $\lambda_2 = \sqrt{1+\beta_x}$,代入式(7-45)得:

$$s_2 = \frac{\lambda_2}{1+\lambda_2} \tag{7-46}$$

将式(7-45)代入式(7-43),并令 $\lambda_1 = \frac{4(1+\beta_y)}{2+\beta_x + 2\sqrt{1+\beta_x}}$ 得:

$$s_1^2 + \frac{\alpha\lambda_1}{n}s_1 - \frac{3\alpha\lambda_1}{4} = 0 \tag{7-47}$$

解方程(7-47),取大于零的根为 s 的可能解,得:

$$s_1 = \frac{\alpha\lambda_1}{2n}\left(\sqrt{1 + \frac{3n^2}{\alpha\lambda_1}} - 1\right) \qquad (7\text{-}48)$$

令

$$\alpha_q = 6\left[\frac{n\left(\frac{1+\beta_x}{s_2} + \frac{1}{1-s_2}\right) + \frac{2\alpha}{s_1}(1+\beta_y)}{3n - 2s_1}\right] \qquad (7\text{-}49)$$

将式(7-49)代入式(7-42),整理得:

$$q = \alpha_q \frac{m_x}{l_x^2} \qquad (7\text{-}50)$$

令 $\alpha_m = \dfrac{1}{\alpha_q}$,代入式(7-11)有:

$$m_x = \alpha_m q l_x^2 \qquad (7\text{-}51)$$

根据图 7-11,可得 θ_1、θ_2 计算公式为:

$$\theta_1 = \arctan\left(\frac{s_1}{s_2}\right) \qquad (7\text{-}52)$$

$$\theta_2 = \arctan\left(\frac{s_1}{1-s_2}\right) \qquad (7\text{-}53)$$

7.6 一边固支另三边简支双向叠合板塑性计算方法研究

根据边界条件分为两种情况。一种情况是针对一短边简支另三边固支双向叠合板,另一种情况是针对一长边固支另三边简支双向叠合板。

7.6.1 一短边简支另三边固支双向叠合板塑性计算方法研究

对于均布荷载作用下一短边简支另三边固支双向叠合板的求解(固支边长度为 l_x,如图 7-12 所示),其公式推导过程如下所述。

极限均布荷载 q 所做的外功为:

$$\boldsymbol{W}_E = q\sum_n \iint_{A_n} \omega(x,y)\,\mathrm{d}A_n = q\left[\frac{l_x}{2} \times l_y - \frac{1}{3} \times \frac{l_x}{2} \times (s_1 l_x + s_2 l_x)\right]$$

$$= \frac{ql_x}{6}\left[3l_y - (s_1 + s_2)l_x\right] = \frac{ql_x^2}{6}\left[3n - (s_1 + s_2)\right] \qquad (7\text{-}54)$$

内力功可根据各塑性铰上的极限荷载上的极限弯矩在相对转角上所做功来计算,即有:

$$\boldsymbol{W}_I = -\sum m_i l_i \gamma_i = -\left[m_x l_y \frac{4}{l_x} + m_y l_x\left(\frac{1}{x_1} + \frac{1}{x_2}\right) + m_{y'} l_x \frac{1}{x_1}\right]$$

$$= -\left[4n + \alpha\left(\frac{1+\beta_y}{s_1} + \frac{1}{s_2}\right)\right]m_x \qquad (7\text{-}55)$$

$$\boldsymbol{W}_E + \boldsymbol{W}_I = 0 \qquad (7\text{-}56)$$

根据式(7-56)可解得双向叠合板极限均布荷载 q 的基本公式为:

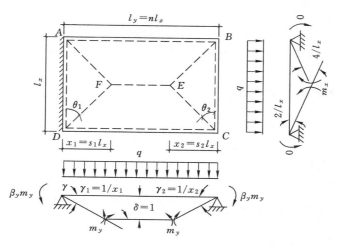

图 7-12　均布荷载作用下一短边固支另三边简支双向叠合板的破坏机构

$$q = \frac{6m_x}{l_x^2} \frac{4n + \alpha\left(\dfrac{1+\beta_y}{s_1} + \dfrac{1}{s_2}\right)}{3n - (s_1 + s_2)} \tag{7-57}$$

为求得最危险的塑性铰线位置或极限荷载均布荷载的最小值,根据上限定理,可由极限均布荷载 q 为极小值的条件求出。

由 $\dfrac{\mathrm{d}q}{\mathrm{d}s_1} = 0$,可得:

$$\frac{\mathrm{d}q}{\mathrm{d}s_1} = \frac{6m_x}{l_x^2} \frac{\left[3n - (s_1 + s_2)\right]\dfrac{-\alpha(1+\beta_y)}{s_1^2} + \left[4n + \alpha\left(\dfrac{1+\beta_y}{s_1} + \dfrac{1}{s_2}\right)\right]}{\left[3n - (s_1 + s_2)\right]^2} = 0 \tag{7-58}$$

由 $\dfrac{\mathrm{d}q}{\mathrm{d}s_2} = 0$,可得:

$$\frac{\mathrm{d}q}{\mathrm{d}s_2} = \frac{6m_x}{l_x^2} \frac{\left[3n - (s_1 + s_2)\right]\dfrac{-\alpha}{s_2^2} + \left[4n + \alpha\left(\dfrac{1+\beta_y}{s_1} + \dfrac{1}{s_2}\right)\right]}{\left[3n - (s_1 + s_2)\right]^2} = 0 \tag{7-59}$$

通过式(7-58)、式(7-59)可得:

$$s_2 = \frac{1}{\sqrt{1+\beta_y}} s_1 \tag{7-60}$$

将式(7-60)代入式(7-58),并令 $\lambda_1 = \dfrac{1+\beta_y + \sqrt{1+\beta_y}}{2}$、$\lambda_2 = 1+\beta_y$ 得:

$$s_1^2 + \frac{\alpha\lambda_1}{n}s_1 - \frac{3\alpha\lambda_2}{4} = 0 \tag{7-61}$$

解方程(7-61),取大于零的根为 s 的可能解,得:

$$s_1 = \frac{\alpha\lambda_1}{2n}\left(\sqrt{1 + \frac{3n^2\lambda_2}{\alpha\lambda_1^2}} - 1\right) \tag{7-62}$$

$$s_2 = \frac{1}{\sqrt{\lambda_2}} s_1 \tag{7-63}$$

令

$$\alpha_q = 6\left[\frac{4n + \alpha\left(\dfrac{1+\beta_y}{s_1} + \dfrac{1}{s_2}\right)}{3n - (s_1 + s_2)}\right] \tag{7-64}$$

将式(7-64)代入式(7-57),整理得:

$$q = \alpha_q \frac{m_x}{l_x^2} \tag{7-65}$$

令 $\alpha_m = \dfrac{1}{\alpha_q}$,代入式(7-11)有:

$$m_x = \alpha_m q l_x^2 \tag{7-66}$$

根据图7-12,可得 θ_1、θ_2 计算公式为:

$$\theta_1 = \arctan(2s_1) \tag{7-67}$$

$$\theta_2 = \arctan(2s_2) \tag{7-68}$$

7.6.2 一长边固支另三边简支双向叠合板塑性计算方法研究

对于均布荷载作用下一长边固支另三边简支双向叠合板的求解(固支边长度为 l_y,如图7-13所示),其公式推导过程如下所述。

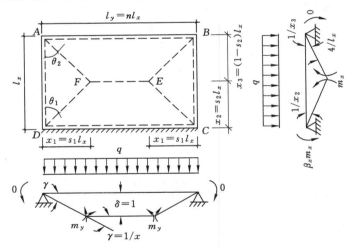

图7-13 均布荷载作用下一长边固支另三边简支双向叠合板的破坏机构

极限均布荷载 q 所做的外功为:

$$\begin{aligned} \boldsymbol{W}_E &= q\sum_n \iint_{A_n} \omega(x,y)\,\mathrm{d}A_n = q\left(\frac{l_x}{2} \times l_y - 2 \times \frac{1}{3} \times \frac{l_x}{2} \times s_1 l_x\right) \\ &= \frac{q l_x}{6}(3l_y - 2s_1 l_x) = \frac{q l_x^2}{6}(3n - 2s_1) \end{aligned} \tag{7-69}$$

内力功可根据各塑性铰上的极限荷载上的极限弯矩在相对转角上所做功来计算,即有:

$$\boldsymbol{W}_I = -\sum m_i l_i \gamma_i = -\left[m_x l_y\left(\frac{1}{x_2} + \frac{1}{x_3}\right) + m_x' l_y \frac{1}{x_2} + m_y l_x \frac{2}{x_1}\right]$$

$$= -\left[n\left(\frac{1+\beta_x}{s_2} + \frac{1}{1-s_2} \right) + \frac{2\alpha}{s_1} \right] m_x \tag{7-70}$$

$$\boldsymbol{W}_E + \boldsymbol{W}_I = 0 \tag{7-71}$$

根据式(7-71)可解得双向叠合板极限均布荷载 q 的基本公式为：

$$q = \frac{6m_x}{l_x^2} \cdot \frac{n\left(\dfrac{1+\beta_x}{s_2} + \dfrac{1}{1-s_2} \right) + \dfrac{2\alpha}{s_1}}{3n - 2s_1} \tag{7-72}$$

为求得最危险的塑性铰线位置或极限荷载均布荷载的最小值，根据上限定理，可由极限均布荷载 q 为极小值的条件求出。

由 $\dfrac{\mathrm{d}q}{\mathrm{d}s_1} = 0$，可得：

$$\frac{\mathrm{d}q}{\mathrm{d}s_1} = \frac{6m_x}{l_x^2} \cdot \frac{(3n-2s_1)\dfrac{-2\alpha}{s_1^2} + 2\left[n\left(\dfrac{1+\beta_x}{s_2} + \dfrac{1}{1-s_2} \right) + \dfrac{2\alpha}{s_1} \right]}{(3n-2s_1)^2} = 0 \tag{7-73}$$

由 $\dfrac{\mathrm{d}q}{\mathrm{d}s_2} = 0$，可得：

$$\frac{\mathrm{d}q}{\mathrm{d}s_2} = \frac{6m_x}{l_x^2} \cdot \frac{n\left(-\dfrac{1+\beta_x}{s_2^2} + \dfrac{1}{(1-s_2)^2} \right)}{(3n-2s_1)} = 0 \tag{7-74}$$

通过式(7-74)可得：

$$s_2 = \frac{\sqrt{1+\beta_x}}{1+\sqrt{1+\beta_x}} \tag{7-75}$$

令 $\lambda_2 = \sqrt{1+\beta_x}$，代入式(7-75)得：

$$s_2 = \frac{\lambda_2}{1+\lambda_2} \tag{7-76}$$

将式(7-75)代入式(7-73)，并令 $\lambda_1 = \dfrac{4}{2+\beta_x+2\sqrt{1+\beta_x}}$ 得：

$$s_1^2 + \frac{\alpha\lambda_1}{n}s_1 - \frac{3\alpha\lambda_1}{4} = 0 \tag{7-77}$$

解方程(7-77)，取大于零的根为 s 的可能解，得：

$$s_1 = \frac{\alpha\lambda_1}{2n}\left(\sqrt{1+\frac{3n^2}{\alpha\lambda_1}} - 1 \right) \tag{7-78}$$

令

$$\alpha_q = 6\left[\frac{n\left(\dfrac{1+\beta_x}{s_2} + \dfrac{1}{1-s_2} \right) + \dfrac{2\alpha}{s_1}}{3n - 2s_1} \right] \tag{7-79}$$

将式(7-79)代入式(7-72)，整理得：

$$q = \alpha_q \frac{m_x}{l_x^2} \tag{7-80}$$

令 $\alpha_m = \dfrac{1}{\alpha_q}$，代入式(7-11)得：

$$m_x = \alpha_m q l_x^2 \tag{7-81}$$

根据图 7-13，可得 θ_1、θ_2 计算公式为：

$$\theta_1 = \arctan\left(\frac{s_1}{s_2}\right) \tag{7-82}$$

$$\theta_2 = \arctan\left(\frac{s_1}{1 - s_2}\right) \tag{7-83}$$

7.7　两相邻边固支另两相邻边简支双向叠合板塑性计算方法研究

对于均布荷载作用下两相邻边固支另两相邻边简支双向叠合板（其破坏结构如图 7-14 所示），其公式推导过程如下所述。

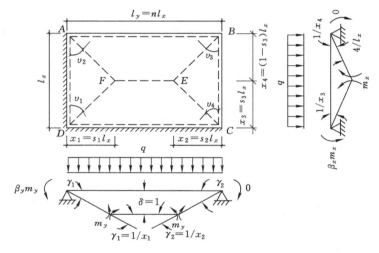

图 7-14　均布荷载作用下两相邻边固支另两相邻边简支双向叠合板的破坏机构

极限均布荷载 q 所做的外功为：

$$\boldsymbol{W}_E = q \sum_n \iint_{A_n} \omega(x, y) \, \mathrm{d}A_n = q\left[\frac{l_x}{2} \times l_y - \frac{1}{3} \times \frac{l_x}{2} \times (s_1 + s_2) l_x\right]$$

$$= \frac{q l_x}{6}\left[3 l_y - (s_1 + s_2) l_x\right] = \frac{q l_x^2}{6}\left[3n - (s_1 + s_2)\right] \tag{7-84}$$

内力功可根据各塑性铰上的极限荷载上的极限弯矩在相对转角上所做功来计算，即有：

$$\boldsymbol{W}_I = -\sum m_i l_i \gamma_i = -\left[m_x l_y\left(\frac{1}{x_3} + \frac{1}{x_4}\right) + m_{x'} l_y \frac{1}{x_3} + m_y l_x\left(\frac{1}{x_1} + \frac{1}{x_2}\right) + m_{y'} l_x \frac{1}{x_1}\right]$$

$$= -\left[n\left(\frac{1 + \beta_x}{s_3} + \frac{1}{1 - s_3}\right) + \alpha\left(\frac{1 + \beta_y}{s_1} + \frac{1}{s_2}\right)\right] m_x \tag{7-85}$$

$$\boldsymbol{W}_E + \boldsymbol{W}_I = 0 \tag{7-86}$$

根据式（7-86）可解得双向叠合板极限均布荷载 q 的基本公式为：

$$q = \frac{6m_x}{l_x^2} \frac{n\left(\frac{1+\beta_x}{s_3} + \frac{1}{1-s_3}\right) + \alpha\left(\frac{1+\beta_y}{s_1} + \frac{1}{s_2}\right)}{3n - (s_1 + s_2)} \tag{7-87}$$

为求得最危险的塑性铰线位置或极限荷载均布荷载的最小值，根据上限定理，可由极限均布荷载 q 为极小值的条件求出。

由 $\dfrac{\mathrm{d}q}{\mathrm{d}s_1} = 0$，可得：

$$\frac{\mathrm{d}q}{\mathrm{d}s_1} = \frac{6m_x}{l_x^2} \frac{[3n - (s_1 + s_2)]\dfrac{-\alpha(1+\beta_y)}{s_1^2} + n\left(\dfrac{1+\beta_x}{s_3} + \dfrac{1}{1-s_3}\right) + \alpha\left(\dfrac{1+\beta_y}{s_1} + \dfrac{1}{s_2}\right)}{[3n - (s_1 + s_2)]^2} = 0 \tag{7-88}$$

由 $\dfrac{\mathrm{d}q}{\mathrm{d}s_2} = 0$，可得：

$$\frac{\mathrm{d}q}{\mathrm{d}s_2} = \frac{6m_x}{l_x^2} \frac{[3n - (s_1 + s_2)]\dfrac{-\alpha}{s_2^2} + n\left(\dfrac{1+\beta_x}{s_3} + \dfrac{1}{1-s_3}\right) + \alpha\left(\dfrac{1+\beta_y}{s_1} + \dfrac{1}{s_2}\right)}{[3n - (s_1 + s_2)]^2} = 0 \tag{7-89}$$

由 $\dfrac{\mathrm{d}q}{\mathrm{d}s_3} = 0$，可得：

$$\frac{\mathrm{d}q}{\mathrm{d}s_3} = \frac{6m_x}{l_x^2} \frac{n\left(-\dfrac{1+\beta_x}{s_3^2} + \dfrac{1}{(1-s_3)^2}\right)}{3n - (s_1 + s_2)} = 0 \tag{7-90}$$

通过式(7-90)可得：

$$s_3 = \frac{\sqrt{1+\beta_x}}{1+\sqrt{1+\beta_x}} \tag{7-91}$$

通过式(7-88)、式(7-89)可得：

$$s_2 = \frac{1}{\sqrt{1+\beta_y}} s_1 \tag{7-92}$$

将式(7-91)、式(7-92)代入式(7-88)。

令

$$\lambda_1 = \frac{2(1+\beta_y+\sqrt{1+\beta_y})}{2+\beta_x+2\sqrt{1+\beta_x}}, \lambda_2 = \frac{4(1+\beta_y)}{2+\beta_x+2\sqrt{1+\beta_x}}$$

得到：

$$s_1^2 + \frac{\alpha\lambda_1}{n} s_1 - \frac{3\alpha\lambda_2}{4} = 0 \tag{7-93}$$

解方程(7-93)，取大于零的根为 s 的可能解，得：

$$s_1 = \frac{\alpha\lambda_1}{2n}\left(\sqrt{1 + \frac{3n^2\lambda_2}{\alpha\lambda_1^2}} - 1\right) \tag{7-94}$$

令 $\lambda_3 = 1+\beta_y$，则得：

$$s_2 = \frac{1}{\sqrt{\lambda_3}} s_1$$

将 $\lambda_3 = 1 + \beta_y$ 代入 $\lambda_2 = \dfrac{4(1+\beta_y)}{2+\beta_x+2\sqrt{1+\beta_x}}$，简化得：

$$1 + \sqrt{1+\beta_x} = 2\sqrt{\frac{\lambda_3}{\lambda_2}}$$

由此得：

$$s_3 = \frac{\sqrt{1+\beta_x}}{1+\sqrt{1+\beta_x}} = \frac{1+\sqrt{1+\beta_x}-1}{1+\sqrt{1+\beta_x}} = 1 - \frac{1}{1+\sqrt{1+\beta_x}} = 1 - \frac{1}{2}\sqrt{\frac{\lambda_2}{\lambda_3}}$$

令

$$\alpha_q = 6\left[\frac{n\left(\dfrac{1+\beta_x}{s_3}+\dfrac{1}{1-s_3}\right)+\alpha\left(\dfrac{1+\beta_y}{s_1}+\dfrac{1}{s_2}\right)}{3n-(s_1+s_2)}\right] \tag{7-95}$$

将式(7-95)代入式(7-87)，整理得：

$$q = \alpha_q \frac{m_x}{l_x^2} \tag{7-96}$$

令 $\alpha_m = \dfrac{1}{\alpha_q}$，代入式(7-11)得：

$$m_x = \alpha_m q l_x^2 \tag{7-97}$$

根据图 7-14，可得 θ_1、θ_2、θ_3、θ_4 计算公式为：

$$\theta_1 = \arctan\left(\frac{s_1}{s_3}\right) \tag{7-98}$$

$$\theta_2 = \arctan\left(\frac{s_2}{s_3}\right) \tag{7-99}$$

$$\theta_3 = \arctan\left(\frac{s_2}{1-s_3}\right) \tag{7-100}$$

$$\theta_4 = \arctan\left(\frac{s_1}{1-s_3}\right) \tag{7-101}$$

7.8 双向叠合板单位宽度极限弯矩简化计算公式

假设双向叠合板达到承载力极限状态时板内 x、y 方向的受力钢筋均能达到屈服，根据极限平衡法，则有：

$$\left.\begin{array}{l} m_x = A_{s,x}f_{s,x}\gamma_{s,x}h_{0x} \\ m_y = A_{s,y}f_{s,y}\gamma_{s,y}h_{0y} \\ m'_x = A'_{s,x}f'_{s,x}\gamma'_{s,x}h'_{0x} \\ m'_y = A'_{s,y}f'_{s,y}\gamma'_{s,y}h'_{0y} \end{array}\right\} \tag{7-102}$$

式中，$A_{s,x}$、$A_{s,y}$ 及 $\gamma_{s,x}h_{0x}$、$\gamma_{s,y}h_{0y}$ 分别为板跨内截面 l_x 与 l_y 方向单位宽度内的纵向受力钢筋截面面积及其内力偶臂；$A'_{s,x}$、$A'_{s,y}$ 与 $\gamma'_{s,x}h'_{0x}$，$\gamma'_{s,y}h'_{0y}$ 分别为板支座截面 l_x 与 l_y 方向单位宽度内的纵向受力钢筋截面面积及其内力偶臂；$f_{s,x}$、$f_{s,y}$ 分别为板跨内截面 l_x 与 l_y 方

向钢筋抗拉强度设计值；$f'_{s,x}$、$f'_{s,y}$ 分别为支座截面 l_x 与 l_y 方向钢筋抗拉强度设计值；$\gamma_{s,x}$、$\gamma_{s,y}$、$\gamma'_{s,x}$、$\gamma'_{s,y}$ 分别为内力臂系数，一般取 $\gamma_{s,x}=\gamma_{s,y}=\gamma'_{s,x}=\gamma'_{s,y}=0.9\sim0.95$。因此得：

$$\alpha=\frac{m_y}{m_x}=\frac{A_{s,y}f_{s,y}h_{0y}}{A_{s,x}f_{s,x}h_{0x}} \tag{7-103}$$

由于双向叠合板呈正交构造异性板特征，所以在相同情况下，双向叠合板强方向分配的弯矩比现浇板短跨方向分配的弯矩大，而双向叠合板弱方向分配的弯矩比现浇板长跨方向分配的弯矩小。因此双向叠合板的 α 值比现浇楼板 α 值要小，且 $\alpha\leqslant1$。

此外，由于叠合板为二次受力构件，计算板的负弯矩区段时只考虑第二阶段面层、吊顶等自重及第二阶段可变荷载在计算截面产生的弯矩设计值，因此板面支座负弯矩钢筋配筋量同比现浇楼板要少，从而双向叠合板的 β_x、β_y 值也比相同条件下的现浇楼板 β_x、β_y 值小，其计算公式如下所示：

$$\beta_x=\frac{m'_x}{m_x}=\frac{A'_{s,x}f'_{s,x}h'_{0x}}{A_{s,x}f_{s,x}h_{0x}} \tag{7-104}$$

$$\beta_y=\frac{m'_y}{m_y}=\frac{A'_{s,y}f'_{s,y}h'_{0y}}{A_{s,y}f_{s,y}h_{0y}} \tag{7-105}$$

7.9　双向叠合板塑性计算试验验证

7.9.1　四边简支双向叠合板试验验证

7.9.1.1　板肋设圆孔情况下四边简支双向叠合板塑性计算方法试验验证

以钱永梅和邹超英所用的试验模型为例计算双向配筋混凝土叠合板的极限承载力。其类型为四边简支。其基本参数为：平面尺寸 3 000 mm×3 000 mm，板厚 100 mm。预制构件肋内设直径为 10 mm、中心距离为 200 mm 的圆形孔洞。预制构件混凝土强度为 C40。预制构件板宽为 600 mm，底板厚为 40 mm，底板长为 3 000 mm，肋宽为 100 mm，肋高为 50 mm。预制构件底板配 10 $\underline{\Phi}$ 5 钢筋，横向穿孔受力钢筋为 $\underline{\Phi}$ 5 @200。后浇层混凝土强度为 C20。探讨该双向叠合板的极限承载力 q_u 及塑性铰线形成位置。

定义强方向为 x 方向。于是有：

$$l_x=l_y=2\,760\text{ mm}$$
$$A_{s,x}=327.08\text{ mm}^2$$
$$A_{s,y}=98.13\text{ mm}^2$$
$$h_{0x}=80\text{ mm}$$
$$h_{0y}=60\text{ mm}$$
$$\gamma_{s,x}=\gamma_{s,y}=0.95$$
$$f_{s,x}=f_{s,y}=380\text{ N/mm}^2$$

（1）确定楼板跨度比 n

$$n=l_y/l_x=1.0$$

（2）确定参数 α、β_x、β_y、λ

$$m_x = A_{s,x} f_{s,x} \gamma_{s,x} h_{0x} = 9.446 \text{ kN/m}$$
$$m_y = A_{s,y} f_{s,y} \gamma_{s,y} h_{0y} = 2.125 \text{ kN/m}$$
$$\alpha = m_y / m_x = 0.225$$

对于四边简支双向叠合板,有:

$$\lambda = 1.0, \beta_x = \beta_y = 0$$

(3)确定塑性铰线形成位置

塑性铰线形成位置可由 s 或 θ 确定。其中:

$$s = \frac{\alpha \lambda}{2n}\left(\sqrt{1 + \frac{3n^2}{\alpha}} - 1\right) = 0.313$$

$$\theta = \arctan(2s) = 32.05°$$

(4)计算双向配筋叠合板极限承载力

由于

$$\alpha_q = 12\left(\frac{2n + \dfrac{\alpha}{s}}{3n - 2s}\right) = 13.743$$

则得:

$$q_u = \alpha_q \frac{m_x}{l_x^2} = 17.042 \text{ kN/m}^2$$

本例的计算结果与试验结果 18.39 kN/m²(试验加载 16.09 kN/m²,板自重 2.3 kN/m²)比较接近,其误差为 7.33%。

7.9.1.2 板肋设矩形孔洞情况下四边简支双向叠合板塑性计算方法试验验证

以吴方伯等所用的试验模型为例计算双向叠合板极限承载力。试验叠合板类型为四边简支。平面尺寸为 4 240 mm×4 240 mm,中心距离为 4 000 mm×4 000 mm,板厚为140 mm。预制底板肋内设长为 110 mm、高为 25 mm 以及中心距离为 200 mm 的矩形孔洞。预制构件混凝土强度为 C50。底板宽为 500 mm,底板厚为 30 mm,底板长为 4 240 mm,肋宽为 120 mm,肋高为 65 mm。预制底板内配置 4 根 1470 级 Φ^H4.8 螺旋肋高强预应力钢筋。横向穿孔受力钢筋为 Φ8@200。后浇层混凝土强度为 C30。试验得到的裂缝分布如图 7-15所示。其中,黑色实线表示试验中实际严重的裂缝带位置,虚线表示修正后的严重的裂缝带位置。图 7-16 所示为理想化的塑性铰线位置。中间平行线的短线长度为 80 mm,楼板跨度的净距为 3 760 mm。这样,塑性铰线与预应力方向所成的角度约为 38.2°。试验得到的极限荷载为 32.5 kN/m²(包括自重)。下面探讨该楼板的极限承载力 q_u 及塑性铰线形成位置。

定义强方向为 x 方向。于是有:

$$l_x = 4\ 000 \text{ mm}$$
$$l_y = 4\ 000 \text{ mm}$$
$$A_{s,x} = 144.69 \text{ mm}^2$$
$$A_{s,y} = 251.20 \text{ mm}^2$$
$$h_{0x} = 122.5 \text{mm}^2$$
$$h_{0y} = 106 \text{ mm}$$

$$f_{s,x} = 1\,763\ \text{N/mm}^2$$

$$f_{s,y} = 455\ \text{N/mm}^2$$

$$\gamma_{s,x} = \gamma_{s,y} = 0.95$$

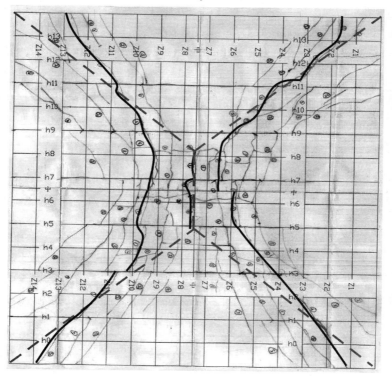

图 7-15　裂缝分布

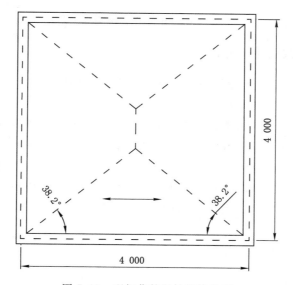

图 7-16　理想化的塑性铰线分布

（1）确定楼板跨度比 n

$$n = \frac{l_y}{l_x} = \frac{4\,000}{4\,000} = 1.0$$

（2）确定参数 α、β_x、β_y、λ

$$m_x = A_{s,x} f_{s,x} \gamma_{s,x} h_{0x} = 144.69 \times 1\,763 \times 0.95 \times 122.5 = 29.69\ (\text{kN/m})$$

$$m_y = A_{s,y} f_{s,y} \gamma_{s,y} h_{0y} = 251.2 \times 455 \times 0.95 \times 106 = 11.51\ (\text{kN/m})$$

$$\alpha = \frac{m_y}{m_x} = \frac{11.51}{29.69} = 0.388$$

对于四边简支双向叠合板有：

$$\lambda = 1.0$$

$$\beta_x = \beta_y = 0$$

（3）确定塑性铰线形成位置

塑性铰线形成位置可由 s 或 θ 确定。其中：

$$s = \frac{\alpha\lambda}{2n}\left(\sqrt{1 + \frac{3n^2}{\alpha}} - 1\right) = \frac{0.388 \times 1}{2 \times 1}\left(\sqrt{1 + \frac{3 \times (1)^2}{0.388}} - 1\right) = 0.379$$

$$\theta = \arctan(2s) = \arctan(2 \times 0.379) = 37.2°$$

本例的计算结果与试验结果38.2°较为接近，其误差为 2.62%。

（4）计算双向配筋叠合板极限承载力

$$\alpha_q = 12\left(\frac{2n + \frac{\alpha}{s}}{3n - 2s}\right) = 12\left(\frac{2 \times 1 + \frac{0.388}{0.379}}{3 \times 1 - 2 \times 0.379}\right) = 16.18$$

则得：

$$q = \alpha_q \frac{m_x}{l_x^2} = 16.18 \times \frac{29.69}{4^2} = 30.02\ (\text{kN/m}^2)$$

本例的计算结果与试验结果 32.5 kN/m² 比较接近，其误差为 7.63%。

7.9.2　四边固支双向叠合板试验验证

以吴方伯等所用的试验模型为例计算双向叠合板的极限承载力。试验叠合板类型为四边固支。平面尺寸为 3 910 mm × 5 080 mm，板厚为 120 mm。预制底板肋内设长为110 mm、高为 25 mm 以及中心距离为 200 mm 的矩形孔洞。预制构件混凝土强度为 C50，底板宽为 500 mm，底板厚为 30 mm，板长为 3 910 mm，肋宽为 200 mm，肋高为 55 mm。预制底板内配置 5 根 1570 级 $\Phi^H 4.6$ 螺旋肋高强预应力钢筋。横向穿孔钢筋、板支座负弯矩钢筋均采用 HPB235 型钢筋。横向穿孔受力钢筋为 $\Phi 8 @200$。板短跨、长跨方向支座负弯矩钢筋均为 $\Phi 6 @200$。后浇层混凝土强度为 C20。探讨该楼板的极限承载力 q_u 及塑性铰线形成位置。

定义强方向为 x 方向。于是有：

$$l_x = 3\,910\ \text{mm}$$

$$l_y = 5\,080\ \text{mm}$$

$$A_{s,x} = 166.11\ \text{mm}^2$$

$$A_{\mathrm{s,y}} = 251.20\ \mathrm{mm}^2$$

$$A'_{\mathrm{s,}x} = A'_{\mathrm{s,}y} = 141.30\ \mathrm{mm}^2$$

$$h_{0x} = 102\ \mathrm{mm}$$

$$h_{0y} = 90\ \mathrm{mm}$$

$$h'_{0x} = h'_{0y} = 100\ \mathrm{mm}$$

$$f_{\mathrm{s,}x} = 1\ 110\ \mathrm{N/mm}^2$$

$$f_{\mathrm{s,}y} = f'_{\mathrm{s,}y} = f'_{\mathrm{s,}x} = 210\ \mathrm{N/mm}^2$$

$$\gamma_{\mathrm{s,}x} = \gamma_{\mathrm{s,}y} = \gamma'_{\mathrm{s,}x} = \gamma'_{\mathrm{s,}y} = 0.95$$

（1）计算楼板跨度比 n

$$n = l_y / l_x = 1.30$$

（2）确定参数 α、β_x、β_y、λ_1

$$m_x = A_{\mathrm{s,}x} f_{\mathrm{s,}x} \gamma_{\mathrm{s,}x} h_{0x} = 17.867\ （\mathrm{kN/m}）$$

$$m_y = A_{\mathrm{s,}y} f_{\mathrm{s,}y} \gamma_{\mathrm{s,}y} h_{0y} = 4.510\ （\mathrm{kN/m}）$$

$$m'_x = A'_{\mathrm{s,}x} f'_{\mathrm{s,}x} \gamma'_{\mathrm{s,}x} h'_{0x} = 2.819\ （\mathrm{kN/m}）$$

$$m'_y = A'_{\mathrm{s,}y} f'_{\mathrm{s,}y} \gamma'_{\mathrm{s,}y} h'_{0y} = 2.819\ （\mathrm{kN/m}）$$

$$\alpha = m_y / m_x = 0.252$$

$$\beta_x = m'_x / m_x = 0.158$$

$$\beta_y = m'_y / m_y = 0.625$$

$$\lambda_1 = \frac{1 + \beta_y}{1 + \beta_x} = 1.404$$

（3）确定塑性铰线形成位置

塑性铰线形成位置可由 s_1 或 θ_1 确定。其中：

$$s_1 = \frac{\alpha \lambda_1}{2n} \left(\sqrt{1 + \frac{3n^2}{\alpha \lambda_1^2}} - 1 \right) = 0.320$$

$$\theta_1 = \arctan(2s_1) = 32.61°$$

（4）计算预应力双向叠合板极限承载力

$$\alpha_{\mathrm{q}} = 12 \times \frac{2n(1 + \beta_x) + \dfrac{\alpha}{s_1}(1 + \beta_y)}{3n - 2s_1} = 15.806$$

则得：

$$q_{\mathrm{u}} = \alpha_{\mathrm{q}}(m_x / l_x^2) = 18.472\ （\mathrm{kN/m}）^2$$

吴方伯等研究了双向叠合板在设计荷载作用下的力学性能。在最大荷载 8.15 $\mathrm{kN/m}^2$ 作用下，双向叠合板基本处于弹性变形阶段，加上双向叠合板自重 2.75 $\mathrm{kN/m}^2$，其总荷载 10.90 $\mathrm{kN/m}^2$ 约为本章计算结果 18.472 $\mathrm{kN/m}^2$ 的 59.0%。由此可见这种预应力双向叠合板的承载力具有较高的安全储备。

7.10　本章小结

本章按极限平衡法，借助虚功原理推导出了常见边界条件下预制带肋底板混凝土双向叠合板的极限承载力计算公式,提出了这种双向叠合板正交两个方向单位宽度极限弯矩的简化计算方法。本章三个算例的计算结果与试验结果吻合较好。

(1) 对于双向叠合板,可采用本章提出的计算公式进行其极限承载力的计算及塑性铰线形成位置的确定。

(2) 对于双向叠合板,其跨内两个方向的极限弯矩比 α 及参数 β_x、β_y 比相同条件下现浇楼板的要小。

参 考 文 献

[1] 陈波,郑旭东,黄勇,等.一种新型组合结构-组合式空腹板[J].贵州工业大学学报(自然科学版),2002,31(5):75-77.

[2] 陈科.大跨度 PK 预应力混凝土叠合板的试验研究与理论分析[D].长沙:湖南大学,2009.

[3] 陈科.大跨度 PK 预应力混凝土叠合板的试验研究与理论分析[D].长沙:湖南大学,2009.

[4] 陈赛国.四边简支 PK 预应力叠合楼板试验与分析[D].长沙:湖南大学,2012.

[5] 代亮.新型 GFRP-混凝土组合桥面板设计与试验研究[D].上海:同济大学,2009.

[6] 邓利斌,吴方伯,周绪红,等.预应力预制叠合楼板耐火性能参数分析[J].火灾科学,2015,24(1):32-39.

[7] 邓利斌,吴方伯,周绪红,等.预制混凝土简支叠合板耐火性能试验研究[J].建筑结构,2015,45(12):65-70.

[8] 冯鹏,叶列平.外部纤维缠绕增强 FRP 桥面板受力性能试验研究[J].土木工程学报,2009,42(9):61-67.

[9] 冯鹏.新型 FRP 空心桥面板的设计开发与受力性能研究[D].北京:清华大学,2004.

[10] 龚江烈.PK 预应力混凝土叠合楼板的承载力性能试验研究[D].长沙:湖南大学,2008.

[11] 侯建国,贺采旭,肖明俊,等.预应力混凝土圆孔叠合板受力性能试验研究[J].武汉水利电力大学学报,1994,27(3):293-301.

[12] 侯建国,贺采旭.高强刻痕钢丝预应力连续叠合板试验研究[J].建筑结构,1991(10):43-48.

[13] 胡肇滋,钱寅泉.正交构造异性板刚度计算的探讨[J].土木工程学报,1987,20(4):49-61.

[14] 黄海林,李金华,曾垂军,等.一边固支三边简支预制矩形肋底板混凝土双向叠合板的简化弹性计算方法[J].建筑科学与工程学报,2017,34(1):58-67.

[15] 黄海林,李金华,曾垂军,等.预制带肋底板混凝土双向叠合板等效各向同性板的弹性计算方法[J].应用力学学报,2018,35(3):624-630,694.

[16] 黄海林,李金华,曾垂军,等.均布荷载作用下四边简支预制带肋底板混凝土双向叠合板的简化弹性计算方法[J].湖南科技大学学报(自然科学版),2016,31(4):46-51.

[17] 黄海林,吴方伯,祝明桥,等.板肋形式对预制带肋底板混凝土叠合板受弯性能的影响研究[J].建筑结构学报,2015,36(10):66-72.

[18] 黄海林,吴方伯,祝明桥,等.预制 T 形肋底板混凝土叠合板弯曲疲劳性能试验研究[J].建筑结构学报,2016,37(5):233-241.

[19] 黄海林,祝明桥,曾垂军,等.T形板肋对预制带肋底板混凝土叠合板弯曲疲劳性能的影响[J].土木建筑与环境工程,2016,38(2):11-20.

[20] 黄海林.预制带肋底板混凝土叠合楼板受力性能及设计方法[D].长沙:湖南大学,2013.

[21] 黄璐.PK混凝土拼接叠合板受力性能试验研究与分析[D].长沙:湖南大学,2012.

[22] 黄赛超,周旺华.二次受力混凝土叠合连续梁斜截面受力性能的试验研究[J].土木工程学报,1994,27(2):65-74.

[23] 黄婷.PK预应力混凝土连续叠合板试验研究与分析[D].长沙:湖南大学,2012.

[24] 黄婷.PK预应力混凝土连续叠合板试验研究与分析[D].长沙:湖南大学,2012.

[25] 黄勇,安竹石,马克俭.组合空腹板板柱结构设计与研究[J].建筑结构学报,2002,23(5):63-66.

[26] 黄勇,金晓,白晓冬.组合空腹板架结构自振特性研究[J].四川建筑科学研究,2010,36(6):169-172.

[27] 黄勇,任伟鑫,宋佳.组合空腹板架结构拟静力试验研究及分析[J].贵州工业大学学报(自然科学版),2008,37(4):104-109.

[28] 黄勇,杨想红,金玉.大跨度钢-混凝土组合空腹板的设计与施工[J].建筑结构,2005,35(10):23-24.

[29] 姜忻良,岳建伟.陶粒叠合层叠合板的承载能力研究[J].四川大学学报(工程科学版),2006,38(6):6-12.

[30] 蒋首超,李国强,楼国彪,等.钢-混凝土组合楼盖抗火性能的数值分析方法[J].建筑结构学报,2004,25(3):38-44.

[31] 蒋首超,李国强,周昊圣,等.钢-混凝土组合楼板实用抗火设计方法[J].建筑结构,2006,36(8):87-89.

[32] 蒋首超,李国强,周宏宇,等.钢-混凝土组合楼盖抗火性能的试验研究[J].建筑结构学报,2004,25(3):45-50.

[33] 李建成.计算变截面梁变形的通用方程[J].力学与实践,1988,10(1):37-39,17.

[34] 李银山,杨椎阳.变惯矩梁变形的函数解[J].力学与实践,1992,14(2):55-58.

[35] 林光明,黄海林,吴方伯.新型单向预应力双向配筋混凝土叠合楼盖结构体系开发及其在灾后重建中的应用[J].中外建筑,2011(7):132-135.

[36] 刘翠兰,祁学仁.部分预应力陶粒混凝土叠合板的试验研究[J].建筑结构学报,1992,13(4):12-20.

[37] 刘汉朝,蒋青青.倒"T"形叠合简支板的试验研究[J].中南大学学报(自然科学版),2004,35(1):147-150.

[38] 刘汉朝,蒋青青.倒"T"形叠合简支板的试验研究[J].中南大学学报(自然科学版),2004,35(1):147-150.[维普]

[39] 刘轶,童根树,李文斌,等.钢筋桁架叠合板性能试验和设计方法研究[J].混凝土与水泥制品,2006,9(2):57-60.

[40] 刘轶.自承式钢筋桁架混凝土叠合板性能研究[D].杭州:浙江大学,2006.

[41] 刘玉擎,陈艾荣.FRP材料组合结构桥梁的新技术[J].世界桥梁.,2005(2):72-74,82.

[42] 龙炳煌,周旺华.叠合梁的界限受压区高度和最大配筋率公式[J].土木工程学报,1994,

27(6):29-35.

[43] 吕志涛.高性能材料 FRP 应用与结构工程创新[J].建筑科学与工程学报,2005,22(1):1-5.

[44] 罗永乐.部分钢-混组合梁桥的混凝土桥面板设计分析[J].低碳世界,2018(6):217-218.

[45] 马乾堤.浅谈现浇混凝土空心楼板施工技术[J].城市建筑,2019,16(18):173-174,189.

[46] 毛小勇,韩林海,张耀春.肋筋模板钢-混凝土组合板力学性能的试验研究[J].哈尔滨建筑大学学报,2002,35(1):30-33.

[47] 毛小勇,韩林海.钢-混凝土组合板耐火性能的研究[J].哈尔滨建筑大学学报,2000,33(1):31-36.

[48] 毛小勇,韩林海.压型钢板钢-混凝土组合板抗火研究的现状和特点[J].哈尔滨建筑大学学报,2001,34(2):27-31.

[49] 聂建国,陈必磊,陈戈,等.钢筋混凝土叠合板的试验研究[J].工业建筑,2003,33(12):43-46.

[50] 聂建国,樊健生.广义组合结构及其发展展望[J].建筑结构学报,2006,27(6):1-8.

[51] 聂建国,唐亮,黄亮.缩口型压型钢板-混凝土组合板的承载力及变形(二):考虑滑移效应的折减刚度[J].建筑结构,2007,37(1):65-67.

[52] 聂建国,唐亮,黄亮.缩口型压型钢板-混凝土组合板的承载力及变形(一):试验研究及纵向抗剪承载力[J].建筑结构,2007,37(1):60-64.

[53] 聂建国,易卫华,雷丽英.闭口型压型钢板-混凝土组合板的刚度计算[J].工业建筑,2003,33(12):19-21.

[54] 聂磊,袁建伟,黄赛超.混凝土叠合双向板的内力和配筋计算[J].长沙交通学院学报,1998,14(3):79-83.

[55] 潘艳华.PK 预应力混凝土叠合板受力性能研究[D].长沙:湖南大学,2010.

[56] 钱永梅,邹超英,尹新生.混凝土单向薄板叠合成矩形板的双向受力性能分析[J].哈尔滨建筑大学学报,2002,35(1):38-42.

[57] 钱永梅,邹超英.混凝土单向薄板叠合矩形板的双向受力效应试验研究[J].哈尔滨建筑大学学报,2002,35(3):30-34.

[58] 沈春祥.预应力混凝土双向叠合板试验研究[D].天津:天津大学,2005.

[59] 沈蒲生,梁兴文.混凝土结构设计原理[M].4 版.北京:高等教育出版社,2012.

[60] 孙冰,曾晟,石建军.预应力轻骨料混凝土叠合板非线性有限元分析[J].水利与建筑工程学报,2006,4(2):34-36,54.

[61] 孙冰.预应力轻骨料混凝土组合板的试验研究及数值模拟[D].衡阳:南华大学,2005.

[62] 田安国.冷轧带肋钢筋混凝土叠合板试验研究[J].建筑结构,2000,30(01):35-37,29.

[63] 王春平.复合砂浆钢丝网叠合板抗弯性能试验研究[D].长沙:湖南大学,2007.

[64] 王庆余.橡胶集料钢筋混凝土叠合梁受弯性能有限元分析[D].天津:天津大学,2007.

[65] 王言磊,欧进萍.FRP-混凝土组合梁/板研究与应用进展[J].公路交通科技,2007,24(4):99-104.

[66] 吴方伯,陈立,刘亚敏.预应力混凝土空心叠合板试验[J].建筑科学与工程学报,2008,25(4):88-92.

[67] 吴方伯,付伟,文俊,等.新型叠合板拼缝构造静载试验[J].建筑科学与工程学报,2018,35(4):1-10.

[68] 吴方伯,黄海林,陈伟,等.叠合板用预制预应力混凝土带肋薄板的刚度试验研究与计算方法[J].湖南大学学报(自然科学版),2011,38(4):1-7.

[69] 吴方伯,黄海林,陈伟,等.肋上开孔对预制预应力混凝土带肋薄板施工阶段挠度计算方法的影响研究[J].工程力学,2011,28(11):64-71.

[70] 吴方伯,黄海林,陈伟,等.预制带肋薄板混凝土叠合板件受力性能试验研究[J].土木建筑与环境工程,2011,33(4):7-19.

[71] 吴方伯,黄海林,陈伟,等.预制带肋底板混凝土双向叠合板极限承载力[J].土木建筑与环境工程,2011,33(5):34-40.

[72] 吴方伯,黄海林,陈伟,等.预制带肋底板混凝土双向叠合板实用弹性计算方法[J].建筑结构,2012,42(4):99-103.

[73] 吴方伯,黄海林,陈伟,等.预制预应力带肋底板-混凝土叠合板双向受力效应理论研究[J].工业建筑,2010,40(11):55-58.

[74] 吴方伯,黄海林,周绪红,等.预应力预制叠合梁受弯性能试验研究[J].建筑结构学报,2011,32(5):107-115.

[75] 吴方伯,刘彪,邓利斌,等.预应力混凝土叠合空心楼板静力性能试验研究[J].建筑结构学报,2014,35(12):10-19.

[76] 吴方伯,张微伟,唐昭青.PK 预应力混凝土双向叠合楼盖的试验研究[J].建筑技术开发,2007,34(3):11-13.

[77] 吴方伯,郑伦存,曾垂军.PK 预应力混凝土叠合楼盖体系探讨[J].建筑技术开发,2005,32(4):23-24.

[78] 吴方伯.一种带肋预应力钢筋混凝土预制构件板:200410046665.2[P].2004-08-17.

[79] 吴方伯.一种钢筋混凝土拼装楼板:200420036194.2[P].2005-07-27.

[80] 肖国通,秦恩堂,徐有邻,等.GRC 混凝土叠合板结构性能的试验研究(1)[J].电力建设,1997,18(2):1-5.

[81] 肖国通,秦恩堂,徐有邻,等.GRC 混凝土叠合板结构性能的试验研究(2)[J].电力建设,1997,18(3):6-10.

[82] 肖龙.钢筋混凝土结构施工合理化的半预制结构体系[J].建筑技术开发,1994,21(4):34-53.

[83] 徐朝晖,陆洲导,王李果.压型钢板-混凝土组合楼板抗火性能非线性分析[J].建筑结构学报,2002,23(5):73-77,83.

[84] 徐天爽,徐有邻.双向叠合板拼缝传力性能的试验研究[J].建筑科学,2003,19(6):11-14,38.

[85] 徐芝纶.弹性力学(下)[M].4 版.北京:高等教育出版社,2006.

[86] 杨万庆,周烨.螺旋肋筋预应力叠合板的试验研究[J].武汉工业大学学报,2001,23(3):69-72.

[87] 杨勇,霍旭东,薛建阳,等.钢板-混凝土组合桥面板疲劳性能试验研究[J].工程力学,2011,28(8):37-44.

[88] 杨勇,刘玉擎,范海丰.FRP-混凝土组合桥面板疲劳性能试验研究[J].工程力学,2011,28(6):66-73.

[89] 杨勇,聂建国,杜明珠,等.闭口型压型钢板-混凝土组合板疲劳性能试验研究[J].土木工程学报,2008,41(12):35-41.

[90] 杨勇,聂建国,杨文平,等.闭口型压型钢板-轻骨料混凝土组合板受力性能及动力特性试验研究[J].建筑结构学报,2008,29(6):49-55.

[91] 杨勇,聂建国,杨文平,等.闭口型压型钢板-轻骨料混凝土组合板受力性能及动力特性试验研究[J].建筑结构学报,2008,29(6):49-55.

[92] 杨勇,祝刚,周丕健,等.钢板-混凝土组合桥面板受力性能与设计方法研究[J].土木工程学报,2009,42(12):135-141.

[93] 叶列平,冯鹏.FRP 在工程结构中的应用与发展[J].土木工程学报,2006,39(3):24-36.

[94] 岳建伟.槽形芯板预应力叠合板试验与应用研究[D]天津:天津大学,2003.

[95] 曾垂军,吴方伯,刘锡军,等.新型叠合结构体系的设计与施工[J].建筑科学,2006,22(4):67-71.

[96] 张敬书,倪永松,姚远,等.不同拼缝方向的预制带肋底板混凝土叠合板面内受力性能[J].土木工程学报,2015,48(5):23-34.

[97] 张清华,李乔,卜一之.PBL 剪力连接件群传力机理研究Ⅰ:理论模型[J].土木工程学报,2011,44(4):71-77.

[98] 张清华,李乔,卜一之.PBL 剪力连接件群传力机理研究Ⅱ:极限承载力[J].土木工程学报,2011,44(5):101-108.

[99] 张微伟.PK 预应力叠合楼板的试验研究与理论分析[D].长沙:湖南大学,2007.

[100] 张宇峰,吕志涛.以 ALC 板做底板的迭合楼板的性能研究[J].工业建筑,2000,30(10):49-51.

[101] 章青.变截面梁板弯曲问题的一般解答[J].应用力学学报,1990,7(3):94-98,150.

[102] 赵成文,陈洪亮,高连玉,等.预应力混凝土空腹叠合板性能研究与工程应用[J].沈阳建筑大学学报(自然科学版),2005,21(4):297-301.

[103] 赵成文,陈洪亮,高连玉等.预应力混凝土空腹叠合板性能研究与工程应用[J].沈阳建筑大学学报(自然科学版),2005,21(4):297-301.

[104] 甄毅,陈浩军.压型钢板-轻骨料混凝土组合板抗滑移计算[J].长沙理工大学学报(自然科学版),2005,2(1):14-18.

[105] 郑伦存.PK 预应力混凝土叠合板的试验研究与应用[D].长沙:湖南大学,2005.

[106] 中国工程建设协会.组合楼板设计与施工规范:CECS 273:2010[S].北京:中国计划出版社,2010.

[107] 中国建筑标准设计研究所.预应力混凝土叠合板:06SG439-1[S].北京:中国计划出版社,2008.

[108] 中国建筑标准设计研究院.叠合板用预应力混凝土底板:GB/T 16727—2007[S].北京:中国标准出版社,2007.

[109] 周鲲鹏,吴方伯.四边简支矩形单向预应力双向叠合板的弹性设计方法[J].邵阳学院学报(自然科学版),2006,3(1):63-65.

[110] 周鲲鹏.PK 预应力双向叠合楼板的试验研究与应用[D].长沙:湖南大学,2006.

[111] 周旺华.国外装配整体梁板设计方法研究述评[J].建筑结构,1980,22(6):27-36.

[112] 周旺华.现代混凝土叠合结构[M].北京:中国建筑工业出版社,1998.

[113] 周绪红,邓利斌,吴方伯,等.预制混凝土叠合楼板耐火性能试验研究及有限元分析[J].建筑结构学报,2015,36(12):82-90.

[114] 周绪红,吴方伯,黄婷,等.一种带肋钢筋混凝土预制构件板:201010519371.2[P].2011-04-06.

[115] 周绪红,吴方伯,张敬书,等.新型单向预应力双向配筋混凝土叠合楼盖在震后重建中的应用[C]//《汶川地震建筑震害调查与灾后重建分析报告》编委会.汶川地震建筑震害调查与灾后重建分析报告.北京:中国建筑工业出版社,2008:448-454.

[116] 周绪红,张微伟,吴方伯,等.预应力混凝土四边简支双向叠合板的设计方法[J].建筑科学与工程学报,2006,23(4):54-57.

[117] 朱坤宁,万水,刘玉擎.FRP 桥面板静载试验研究及分析[J].工程力学,2010,27(增刊1):240-244.

[118] 朱茂存,陈忠汉.预应力砼大跨夹芯叠合板的施工工艺研究[J].苏州科技学院学报(工程技术版),2005,18(1):43-46.

[119] 朱茂存.大跨夹芯叠合板的试验研究与施工分析[D].哈尔滨:哈尔滨工业大学,2001.

[120] 朱先奎.变截面梁弯曲挠度的通用公式及其应用[J].武汉水利电力大学学报,1993,26(5):562-568.

[121] ALNAHHAL W,AREF A.Structural performance of hybrid fiber reinforced polymer-concrete bridge superstructure systems[J].Composite Structures,2008,84(4):319-336.

[122] BAKIS C E,BANK L C,BROWN V L,et al.Fiber-reinforced polymer composites for construction:state-of-the-art review[J].Journal of Composites for Construction,2002,6(2):73-87.

[123] BANK L C,OLIVA M G,RUSSELL J S,et al.Double-layer prefabricated FRP grids for rapid bridge deck construction:case study[J].Journal of Composites for Construction,2006,10(3):204-212.

[124] BAYASI Z,KAISER H,GONZALES M.Composite slabs with corrugated SIMCON deck as alternative for corrugated metal sheets[J].Journal of Structural Engineering,2001,127(10):1198-1205.

[125] BERG A C,BANK L C,OLIVA M G,et al.Construction and cost analysis of an FRP reinforced concrete bridge deck[J].Construction and Building Materials,2006,20(8):515-526.

[126] BIANCOLINI M E.Evaluation of equivalent stiffness properties of corrugated board[J].Composite Structures,2005,69(3):322-328.

[127] BOUGUERRA K,AHMED E A,EL-GAMAL S,et al.Testing of full-scale concrete bridge deck slabs reinforced with fiber-reinforced polymer (FRP) bars[J].Construction and Building Materials,2011,25(10):3956-3965.

［128］ BRANDT A M.Fibre reinforced cement-based（FRC）composites after over 40 years of development in building and civil engineering［J］.Composite Structures,2008,86（1/2/3）:3-9.

［129］ BRUNTON J J,BANK L C,OLIVA M G.Punching shear failure in double-layer pultruded FRP grid reinforced concrete bridge decks［J］.Advances in Structural Engineering,2012,15（4）:601-613.

［130］ CARVELLI V,PISANI M A,POGGI C.Fatigue behaviour of concrete bridge deck slabs reinforced with GFRP bars［J］.Composites Part B:Engineering,2010,41（7）:560-567.

［131］ DANIELS B J,CRISINEL M.Composite slab behavior and strength analysis.Part I:calculation procedure［J］.Journal of Structural Engineering,1993,119（1）:16-35.

［132］ DAVEY S W,VAN ERP G M,MARSH R.Fibre composite bridge decks:an alternative approach［J］.Composites Part A:Applied Science and Manufacturing,2001,32（9）:1339-1343.

［133］ DIETER D A,DIETSCHE J S,BANK L C,et al.Concrete bridge decks constructed with fiber-reinforced polymer stay-in-place forms and grid reinforcing［J］.Transportation Research Record:Journal of the Transportation Research Board,2002,1814（1）:219-226.

［134］ EL-DARDIRY E,JI T J.Modelling of the dynamic behaviour of profiled composite floors［J］.Engineering Structures,2006,28（4）:567-579.

［135］ ELGHAZOULI A Y,IZZUDDIN B A.Failure of lightly reinforced concrete members under fire.II:parametric studies and design considerations［J］.Journal of Structural Engineering,2004,130（1）:18-31.

［136］ ELGHAZOULI A Y,IZZUDDIN B A.Realistic modeling of composite and reinforced concrete floor slabs under extreme loading.II:verification and application ［J］.Journal of Structural Engineering,2004,130（12）:1985-1996.

［137］ FAM A,NELSON M.New bridge deck cast onto corrugated GFRP stay-in-place structural forms with interlocking connections［J］.Journal of Composites for Construction,2012,16（1）:110-117.

［138］ FERRER M,MARIMON F,CRISINEL M.Designing cold-formed steel sheets for composite slabs:an experimentally validated FEM approach to slip failure mechanics ［J］.Thin-Walled Structures,2006,44（12）:1261-1271.

［139］ FUJIYAMA C,MAEKAWA K.A computational simulation for the damage mechanism of steel-concrete composite slabs under high cycle fatigue loads［J］.Journal of Advanced Concrete Technology,2011,9（2）:193-204.

［140］ GHAVAMI K,FILHO R D T,BARBOSAC N P.Behaviour of composite soil reinforced with natural fibres［J］.Cement and Concrete Composites,1999,20（21）:39-48.

［141］ GHAVAMI K.Bamboo as reinforcement in structural concrete elements［J］.Cement and Concrete Composites,2005,27(6):637-649.

[142] GILBERT R I,BRADFORD M A,GHOLAMHOSEINI A,et al.Effects of shrinkage on the long-term stresses and deformations of composite concrete slabs[J].Engineering Structures,2012,40:9-19.

[143] HANUS J P,BANK L C,OLIVA M G.Combined loading of a bridge deck reinforced with a structural FRP stay-in-place form[J].Construction and Building Materials,2009,23(4):1605-1619.

[144] HASSAN A,KAWAKAMI M.Steel-free composite slabs made of reactive powder materials and fiber-reinforced concrete[J].Aci Structural Journal,2005,102(5):709-718.

[145] HUANG H L,LI J H,ZENG C J,et al.Simplified elastic design method using equivalent span ratio for two-way concrete composite slabs with precast ribbed panels[J].Structural Concrete,2019,20(1):213-224.

[146] HUANG Z H,BURGESS I W,PLANK R J.Effective stiffness modelling of composite concrete slabs in fire[J].Engineering Structures,2000,22(9):1133-1144.

[147] IZZUDDIN B A, ELGHAZOULI A Y. Failure of lightly reinforced concrete members under fire I:analytical modeling[J].Journal of Structural Engineering,2004,130(1):3-17.

[148] IZZUDDIN B,TAO X,ELGHAZOULI A.Realistic modeling of composite and reinforced concrete floor slabs under extreme loading.I:analytical method[J].Journal of Structural Engineering,2004,130(12):1972-1984.

[149] JEONG Y J.Simplified model to predict partial-interactive structural performance of steel-concrete composite slabs[J].Journal of Constructional Steel Research,2008,64(2):238-246.

[150] KANEKO Y, OKAMOTO H, KAKIZAWA T,et al. Flexural characteristics of super-lightweight reinforced concrete slab[J].Journal of the Society of Materials Science,Japan,1999,48(10):1187-1192.

[151] KELLER T,SCHAUMANN E,VALLÉE T.Flexural behavior of a hybrid FRP and lightweight concrete sandwich bridge deck[J].Composites Part A:Applied Science and Manufacturing,2007,38(3):879-889.

[152] KIM H Y,JEONG Y J.Steel-concrete composite bridge deck slab with profiled sheeting[J].Journal of Constructional Steel Research,2009,65(8/9):1751-1762.

[153] KIM H Y,JEONG Y J.Ultimate strength of a steel-concrete composite bridge deck slab with profiled sheeting[J].Engineering Structures,2010,32(2):534-546.

[154] KITANE Y, AREF A J, LEE G C.Static and fatigue testing of hybrid fiber-reinforced polymer-concrete bridge superstructure[J].Journal of Composites for Construction,2004,8(2):182-190.

[155] LEKHNITSKII S G.Anisotropic plates [M].New York:Gordon and Breach,1968.

[156] LEONHARDT F,ANDRÄ W,ANDRÄ H P,et al.Neues,vorteilhaftes Verbundmit-

tel für Stahlverbund-Tragwerke mit hoher Dauerfestigkeit[J].Beton- Und Stahlbetonbau,1987,82(12):325-331.

[157] LUKASZEWSKA E,FRAGIACOMO M,JOHNSSON H.Laboratory tests and numerical analyses of prefabricated timber-concrete composite floors[J].Journal of Structural Engineering,2010,136(1):46-55.

[158] MARCIUKAITIS G,JONAITIS B,VALIVONIS J.Analysis of deflections of composite slabs with profiled sheeting up to the ultimate moment[J].Journal of Constructional Steel Research,2006,62(8):820-830.

[159] MISTAKIDIS E S,DIMITRIADIS K G.Bending resistance of composite slabs made with thin-walled steel sheeting with indentations or embossments[J]. Thin-walled Structures,2008,46(2):192-206.

[160] NAM J H,YOON S J,MOON H D,et al.Development of FRP-concrete composite bridge deck in Korea - state-of-the-art review -[J].Key Engineering Materials,2006, 326-328:1705-1708.

[161] QUEK S T,BIAN C M,PANG S D.Nonlinear dynamic analysis of profiled steel-concrete composite panels under blast-induced excitations[J].Structures and Materials,2002,120:541-551

[162] QUINTAS V.Two main methods for yield line analysis of slabs[J].Journal of Engineering Mechanics,2003,129(2):223-231.

[163] ROBERTS-WOLLMANN C L,GUIROLA M,EASTERLING W S.Strength and performance of fiber-reinforced concrete composite slabs[J].Journal of Structural Engineering,2004,130(3):520-528.

[164] SEBASTIAN W M,MCCONNEL R E.Nonlinear FE analysis of steel-concrete composite structures[J].Journal of Structural Engineering,2000,126(6):662-674.

[165] SHEHATA E,MUFTI A.Development of a glass-fiber-reinforced-polymer bridge deck system[J].Canadian Journal of Civil Engineering,2007,34(3):453-462.

[166] SMITH A L,COUCHMAN G H.Strength and ductility of headed stud shear connectors in profiled steel sheeting[J].Journal of Constructional Steel Research,2010, 66(6):748-754.

[167] THIPPESWAMY H K,CRAIGO C,GANGARAO H V S.Review of bridge decks utilizing FRP composites in the United States[J].American Society of Civil Engineers,2000,78:110-119

[168] TIMOSHENKO S,WOINOWSKY-KRIEGER S.Theory of plates and shells [M]. New York:McGraw-Hill Book Company Inc.,1958.

[169] TZAROS K A,MISTAKIDIS E S,PERDIKARIS P C.A numerical model based on nonconvex-nonsmooth optimization for the simulation of bending tests on composite slabs with profiled steel sheeting[J].Engineering Structures,2010,32(3):843-853.

[170] VAINIŪNAS P,VALIVONIS J,MARCIUKAITIS G,et al.Analysis of longitudinal shear behaviour for composite steel and concrete slabs[J].Journal of Constructional

Steel Research,2006,62(12):1264-1269.

[171] WILLIAMSON N.Concrete floors[J].Advanced Concrete Technology,2003,4:3-38.

[172] YU X M,HUANG Z H,BURGESS I,et al.Nonlinear analysis of orthotropic composite slabs in fire[J].Engineering Structures,2008,30(1):67-80.

[173] ZHANG J S,WANG Y Z,YAO Y,et al.Influence of reinforcement on in-plane mechanical behaviors of CSPRP under cyclic reversed load[J].Materials and Structures,2016,49(1/2):101-116.

[174] ZHAO L,BURGUENO R,ROVERE H L,et al.Preliminary evaluation of hybrid tube bridge system[J].Department of Structural Engineering,2000,121:1-56.